管理较好的麻竹园

管理较差的麻竹园

绿 竹

勃氏甜龙竹

华南 1 号甜竹笋

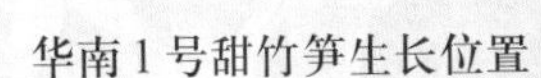

华南 1 号甜竹笋生长位置

华南 1 号甜竹定植后 10 个月的长势

华南 1 号甜竹园

华南 2 号甜竹

华南 2 号甜竹母竹截顶

高空压枝育苗法繁殖种苗

高位压枝袋装苗

袋装育苗

铲 笋

运送鲜笋

辣味笋

甜竹笋丰产栽培及加工利用

黄慧德　编著

金 盾 出 版 社

内 容 提 要

本书由中国热带农业科学院、华南热带农业大学黄慧德研究员编著。内容包括：甜竹笋的生长特性及对环境条件的要求，甜竹笋主要栽培品种，甜竹笋高产栽培技术，甜竹笋病虫害防治技术，无公害竹笋生产技术，竹笋保鲜贮藏与加工技术。内容丰富，科学性、实用性强，适于广大甜竹笋种植户、生产加工从业人员学习使用，也可供基层农业技术人员和农业院校相关专业师生阅读参考。

图书在版编目(CIP)数据

甜竹笋丰产栽培及加工利用/黄慧德编著．—北京：金盾出版社，2006.12

ISBN 978-7-5082-4287-3

Ⅰ．甜…　Ⅱ．黄…　Ⅲ．①竹笋-蔬菜园艺②竹笋-蔬菜加工③竹笋-综合利用　Ⅳ．①S644.2②TS255.5

中国版本图书馆 CIP 数据核字(2006)第 108021 号

金盾出版社出版、总发行

北京太平路 5 号(地铁万寿路站往南)

邮政编码：100036　电话：68214039　83219215

传真：68276683　网址：www.jdcbs.cn

彩色印刷：北京印刷一厂

黑白印刷：北京四环科技印刷厂

装订：海波装订厂

各地新华书店经销

开本：787×1092 1/32　印张：5.125　彩页：4　字数：111 千字

2009 年 7 月第 1 版第 3 次印刷

印数：16001—26000 册　定价：9.00 元

前　言

甜竹笋是指以生产食用竹笋为主，适于热带和南亚热带地区栽培的丛生竹。甜竹笋属热带竹种，是热带地区竹类资源的重要组成部分，主要分布于我国福建、台湾、广东、广西、云南、海南等省、自治区。甜竹笋主要特点：一是为丛生竹，生长快，生长量大，鲜笋产量高。二是喜湿热环境，不耐寒，怕积水。三是新鲜竹笋肉质脆嫩，具甜味或苦味不明显。

种植甜竹笋有利于生态农业建设的协调发展，维护生态平衡，提高农民的生活质量，满足社会经济发展的需求，成为绿色经济新的增长点，达到生态与经济两个系统的良性循环和经济、生态、社会三大效益的统一。

种植甜竹笋，第二年每667平方米可产鲜笋100～500千克，第四至第五年开始进入高产期，每667平方米年产鲜笋高达2 000千克。若投产期每667平方米平均产鲜笋1 500千克，按市场最低价格0.8元/千克计算，产值可达1 200元。1个工人管理甜竹园1.33公顷，年劳动产值为2.4万元，效益较好。

竹林主要是通过竹子和林相的水分微循环调节其周围环境。甜竹笋林的上层枝叶茂盛，枯枝落叶覆盖地表厚度1～10厘米，覆盖层可有效涵蓄水分，减少地表径流，增加土壤中的贮水量。据研究测定，全年降水量为1 239.4毫米时，竹林的地表径流量为17.4～36.9毫米，竹林全年降水量有1 202.5～1 222毫米不发生地表径流，即每年竹林涵养降水量为12 025～12 220吨/公顷。据估算，甜竹笋林每年调节小气候所带来的生态价值达 3 743 元/公顷。

甜竹笋枝叶一年四季生长茂盛，竹笋产量高，产笋期间生理机能旺盛，具有较强的同化能力，净光合速率较大，通过光合作用吸收大量的二氧化碳并释放出氧气。森林每生长出 1 立方米材积，可释放氧气 2.02 吨。甜竹笋林每年可生长 40 立方米/公顷的材积，可释放氧气达 80.8 立方米。所释放的氧气按 1 000 元/吨计算，甜竹笋林每年释放氧气价值为 8.08 万元/公顷。

我国启动天然林保护工程，严格控制林木采伐量，国产木材供应缺口扩大到 6 000 万立方米以上，每年需动用外汇 101 亿美元进口林产品。因此，发展竹产业，全面推广以竹代木工程，以缓解我国木材供需矛盾势在必行。

本书共分为 6 章，内容包括甜竹笋的生长特性及对环境条件的要求，甜竹笋主要栽培品种，甜竹笋高产栽培技术，甜竹笋病虫害防治技术，无公害竹笋生产技术，竹笋保鲜贮藏与加工技术。本书内容丰富，通俗易懂，可操作性强，适合广大甜竹笋种植户、生产加工从业人员学习使用，也可供基层农业技术人员和农业院校相关专业师生阅读参考。由于编著者水平和能力所限，书中不当之处敬请批评指正。

编著者

2006 年 10月

目　录

第一章　甜竹笋的生长及对环境条件的要求

第一节　甜竹笋生长特性

一、根和地下茎

(一)根　甜竹笋的根是从地面以下竹子部分的秆基及地下茎节上发生的,也有从地面上近秆基的节上发出。根为浅根系,一般均为须根。

竹子地下部分的秆基的根生长在秆基周围,不分侧根,最深入土 1 米左右,是垂直根系。由秆基生出的根为竹根,是支柱根。根端有很细的根毛,根吸收养分不通过秆柄,直接输送到竹秆及枝叶。秆基的根的作用:一是保护秆柄,使秆柄不致损伤;二是秆基的根扎入土中,保护竹秆免致摆动倒伏;三是秆基的根坚韧耐腐,不断供给竹秆养分。

地下茎在土层生长的深度通常在距地面 30 厘米左右,有靠近地表生长的特性,一般不露出地面。由地下茎部分发出的根称为地下茎根。地下茎的须根生长在地下茎节周围,每节生根,须根丛生,呈网状,质柔软,易腐烂。10 年以上地下茎的须根全部脱光,地下茎也逐渐随之枯死,新地下茎节的根年年生长,形成代谢过程。地下茎根死亡,竹秆并不随之死亡。地下茎根腐朽,竹秆脱离地下茎根后,竹根独立个体犹可生存 20～30 年之久。地下茎须根的作用是吸收土壤中水分及养分，由地下茎经过秆柄输送，供给地上部分的竹秆、枝、叶而进行光合作用及蒸腾作用。

此外，在分蘖节及其上下，密生许多竹根，分布于土中，有的深达1～3米，环围蔓延远达5～6米。这些竹根是由分蘖节上的芽生长而成。贴近地面节上的根原基，列成一条宽达2～5厘米的环带，至第四、第五节，每节上只稀疏排有10～20个根原基。基部的根原基，一般不会萌发，埋入土中，即可萌发为根。因此，将秆基这一段扦插入土，最易成活生长，其生长繁殖速度可比竹秆其他部分快1年。母竹的笋芽萌动后，通常新笋的上端出土长成笋，下部仍在土中发根，并产生新芽。

(二)地下茎 甜竹笋的地下茎也是竹子在土壤中生长的茎部，即竹蔸。地下茎的生长即竹笋地面下部分的生长。甜竹笋的地下茎为丛生，地下茎有明显的节，节短缩，节上生根，每节有侧芽，生长点为其尖端，可以萌发为新地下茎或发芽生笋，地下茎亦是中空，其空洞较秆部小。地下茎各节左右交互生有1芽。因竹种不同，有的芽鳞全部开裂，有的全部闭合，芽鳞表面茸毛微薄，仅生长在芽鳞的边缘，很少生长在芽鳞的面上。地下茎见图1-1。地下茎包括秆柄和秆基。

1. 秆柄 竹子的分蘖节下的基部一小段称秆柄，秆柄无根、无芽，一般约15节，长约20厘米，直径5～6厘米，其中无空洞，质地坚韧，弯向母竹，与母竹相连，是母竹与子竹相连接的部分。秆柄为竹秆最下部分，与秆基同在地面下，较秆基细小。秆柄一端连接于母竹，另一端连接于秆基。

2. 秆基 竹子的基部的中段是分蘖体，叫秆基。秆基一端与秆柄相连，顶端接生竹秆。秆基为秆茎的下部，通常位于地下，常较秆茎粗。秆基节数少的几节，多的数十节组成，其

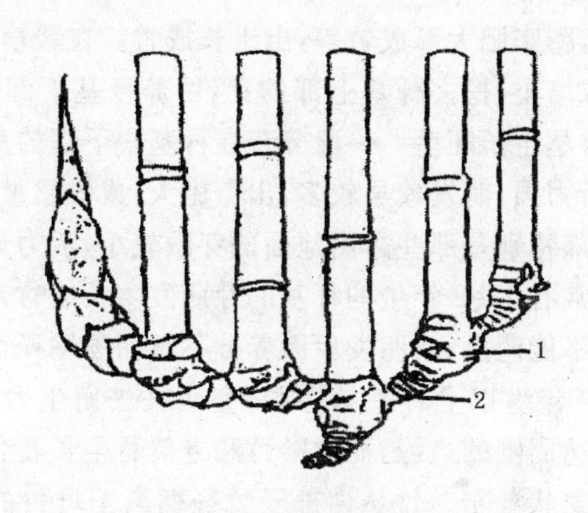

图 1-1　甜竹笋地下茎

1. 秆基　2. 秆柄

节短缩，粗壮，节上长芽(称芽眼)、生根。秆基又叫分蘖体，肥大，多根，沿竹秆的分枝方向，每节生长 1 个芽眼，交互紧密排成 2 列，近似对生。最下 1 对芽眼称为头目，依次分别称为二目、三目……母竹的秆基上的芽，紧接母秆，出笋成竹，在下部的芽，待上部笋发育成长后，相继发育膨大，形成密集的竹丛。翌年新竹秆基的芽生长为新竹笋，长成新秆，因此竹丛愈来愈密，地下茎日益向上生长，逐渐露出地表。地下茎露出地表后，就不能吸收土壤中的养分，竹林长势因而减弱。母竹的秆基密生的笋芽，在条件具备时紧接母秆出笋成竹。

秆基两侧的数对大型芽，大部分可以先后生长发育长成竹子，便形成了竹秆密集的竹丛，有的竹种秆基上的芽，可直接生长笋，长成竹，有的只能先形成细长的地下茎，再由竹子的地下茎上的侧芽生长笋，长成竹。秆基的大型芽，在春末夏初开始萌发，先在土中或紧贴地面作不同距离的横向生长，然后先端弯曲向上，通常新笋与母竹呈 40°～70°的角度，从两侧向前生长，膨胀肥大形成竹笋，出土长成竹。在栽培技术措施上，应采取培土，挖去秆基上部的芽，留养秆基下部的芽的方法，促使竹丛生长旺盛。一般分布在秆基中下部的芽眼，充实饱满，生活力强，萌发较早较多，出笋肥大，成竹质量高。着生在秆基上部特别是那些露出地面的芽眼较小，活力最旺，翌年夏秋季通常有1～2年生的秆基的芽萌发生长成竹，其余的芽眼大部分不能萌发，或萌发后因养分不足而萎缩死亡，俗称为"虚目"。4年生以上秆基的芽眼，完全失去萌生力。幼龄竹生长在竹丛周围的边缘，而成龄竹和老龄竹生长在竹丛内部，呈离心辐射状分布。竹丛内部子竹秆柄高于母竹的秆基，新竹生长位置逐年增高，根蔸重叠成堆，芽眼露出地面，因而影响新竹丛的发展。在竹林培育上，砍伐老龄竹，挖除老竹蔸（根），适当施肥培土，尽量留养幼竹、成龄竹，是保证竹丛旺盛生长的根本措施。

二、竹　笋

（一）竹笋的特征　竹笋由地下茎的秆基的芽眼生长形成，首先是芽尖顶端的分生组织分裂分化，形成节、节隔、笋箨、居间分生组织、侧芽。然后居间分生组织继续分裂新细胞，促使竹笋伸长生长，笋体同时膨大。竹笋先是短距离横向生长，然后竹梢端弯曲向上，竹笋露出地面，呈圆锥形。竹笋出土时，竹径的大小和竹秆的节数均在土中全部形成，竹笋的节数与竹秆的节数相同。甜竹笋的地下茎基部直径特大，长不超过10厘米的约10个节是分蘖节，每个节上萌发竹笋前都有1个隆起而光滑的芽，左右分列，约5对，由这些笋芽萌发为笋，长成新竹。

甜竹笋1年生的植株，芽眼萌发抽笋的持续时间较长，一般都持续4～5个月。母竹笋目有7～15个，一般多为8～12个。母竹笋目的大小由头至尾逐渐变小。一般头目先萌发，二目次之，越向上萌发越迟。自然生长条件下，在一年内每一株的笋芽有3～5个萌发成竹，迟萌动的笋芽，常因营养不良不能生长。笋尖系由箨片数枚包裹，笋出土后，箨片反张如花朵，清晨常含有露珠。笋箨的上部为箨片，下部为箨鞘，中有箨舌。笋的基部，箨短而宽。竹笋长高，箨则逐渐变长而狭。竹笋生长初期看不见箨片上的中脉，待竹笋生长增高，上部箨片变长，箨片上的中脉逐渐明显，直至箨片变为叶，箨鞘变为叶鞘。笋箨自下部逐渐脱落，长出竹秆，俗称嫩竹。竹笋自基部到达先端以至末梢，渐硬化成竹，由其秆芽萌发为主枝及侧枝。竹笋出土后尚不能全部发育成竹，有时因其养分、水分被其他竹子夺去，就停止生长。如突然遇旱，不但其高生长迅速变慢，而且直径生长亦骤然缩小，成为尖锐的梢。

（二）竹笋的形状　甜竹笋栽培的主要产品是竹笋，竹笋是竹子基部生长出来的嫩茎幼芽，在出土前1～2天或出土后3天内挖取，剥壳食用，是蔬菜中的佳品。目前我国甜竹笋的主要栽培品种是麻竹和绿竹，笋的形状见图1-2。麻竹笋和绿竹笋的形态有所不同，其形态鉴别如下。

1. 麻竹笋

(1)笋体　笋体呈圆锥形，先端尖，鲜笋达到采收的长度约25厘米，基部的直径约12厘米，单个鲜笋的重量1～2千克。

(2)笋箨　笋箨呈三角形，质硬呈软骨质，未见阳光时淡黄色，表面有微细茸毛，见阳光后转为黄绿色而有暗紫色的细毛，易脱落。箨的边缘下半部生长稀疏的长茸毛，肩部与箨片连接处的两旁有较长而明显的几条长毛。箨舌凹形，高0.2～

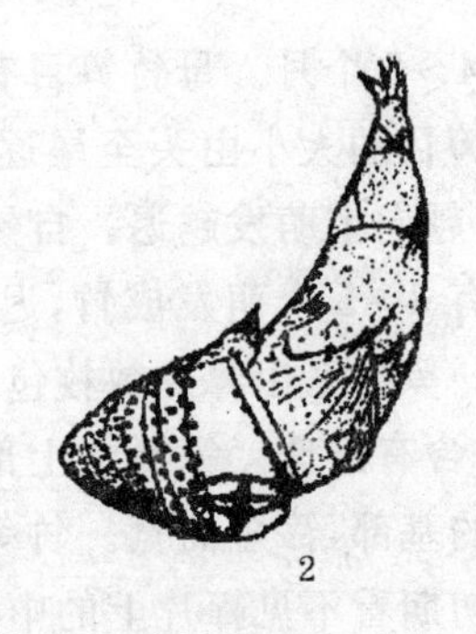

图 1-2　麻竹笋和绿竹笋的形状

1. 麻竹笋　2. 绿竹笋

0.3 厘米。箨片披针形，顶端尖锐，长 2～3 厘米，宽 2 厘米，表面光滑，内面有明显的纵向箨脉。

(3)笋肉　淡黄色，基本上属于实心，笋体可食部分约 59%。笋体粗大，壁厚，适宜整形切片，常用于制作罐装笋。

2. 绿竹笋

(1)笋体　形状弯曲，呈纺锤体，靠近母竹部分内向较短，背向母竹的部分较长，切割处平面形似马蹄，适度长成可采收的笋体长约 25 厘米，刀口直径约 8 厘米，单个鲜笋重量约 0.5 千克。

(2)笋箨　笋箨呈广三角形，坚硬而脆，黄色，见光后变为绿色，光滑无毛，边缘有茸毛。箨舌微小。箨耳上有纤毛。箨片三角形兼披针形，肩部与箨片相连处两旁有纤细长毛 10 余条。

(3)笋肉　近实心，笋体可食部分约 56%。质柔软，脆嫩，纤维较少，味鲜美，常晒干或烘干制成绿笋干。

(三)出笋　竹笋在土中被重叠的笋箨包裹保护，笋先端犹如刺刀之尖，虽在坚硬的地面下，也能依靠自身生长的力量穿出地面萌发生长。甜竹笋产笋的时间一般在初夏(小满前后)开始萌动,陆续出土,大暑前后达到高峰,白露以后逐渐稀少,到了霜降,基本结束。温暖的冬天,产笋时间持续要长些。从竹笋开始出土至出笋结束,可分为3个时期,即出笋的初期、盛期和末期。大部分甜竹笋在六七月份出笋,并随湿度和水温条件而略有早有迟。在温度高、湿度大的年份或地区,产笋的时间早些。初期和盛期出土的竹笋肥大粗壮,生长旺盛,退笋比例低,长成的新竹一般小于母竹,或同等高大。末期出土的竹笋,一般都位于秆基上部,萌发较迟,营养不足,笋体弱小,大部分萎缩败退,加上生长期短,即使能长成新竹,竹秆矮小,竹秆到了冬季尚未完全木质化,多数竹梢末端枯萎,甚至死亡。

竹笋为顶端生长,属单子叶植物体中无生长层的植物,不能增加竹径生长,笋的大小即可确定秆的粗细。竹笋出土后的高生长是每节节间生长。竹笋出土前和出土不久高仅数厘米时,直径生长、高生长同时进行。竹笋在黑夜较白昼生长快2～3倍,冷热与干湿等气候因素,都与生长过程的快慢密切相关,气温适宜,水分充足,土壤养分符合要求时,竹笋生长又大又快。竹笋芽眼的大小和萌发力,与其生长的部位有关。采笋后遗留在基部的芽再生新笋,因此竹笋不能割得太深,避免损伤新芽。

(四)退　笋

1. *退笋*　退笋是指竹子发笋而不能成竹的现象,因某些特殊原因不能正常生长而形成新竹的竹笋,通称退笋。它是竹林自动调节机制的一种反映,其主要原因是母株养分供应不足,外部气候条件突变及病虫害等所造成。退笋现象主要表现为小竹笋连续几天生长缓慢至停止生长,箨叶萎蔫,早晨在箨叶尖端少见吐水，笋头坚硬，笋壳松软等。

竹笋的生长发育，除受立地与环境影响外，竹林本身及其发育过程对出笋的数量及质量，亦有一定影响。母竹林与出笋数量及质量的关系是：单位面积母竹密度越大，母竹的出笋数量越少。母竹比例越大，一般出笋数量越多。母竹2～3龄的竹株较多者，一般出笋较多，质量亦较高。母竹林长势茂盛，新出竹笋较好。一般甜竹笋的产笋时期是5～10月份，出笋高峰期在7～9月份，在这一时期以前及以后，母竹的出笋数量较少。甜竹笋在不同时间内，退笋的比例不同，从前期至后期，逐渐上升。

2. 退笋的原因　甜竹笋出笋数量及质量，关系到竹林密度与竹秆高低，直径大小。竹秆稠密丛生，竹根重叠集中，这对于营养物质的吸收、合成和贮存都有一定的限制作用。从芽眼萌发至新竹长成所消耗的养分，主要依靠其母竹供给，产笋数量越多，养分供给越困难。在自然生长状态下，1株母竹每年能够生产5～6支竹笋，但只有1～2支竹笋有希望成竹，其余的都因营养不足而萎缩死亡。

引起竹笋败退和生长缓慢的主要原因，不是因为气候和土壤的影响，而是由于水分和养分不足。水分和营养不足的竹笋，在不良气候影响下最易造成退笋。一般竹笋受虫害后，不一定成为退笋，而营养不足、生长不良的竹笋，受不良气候影响，经受虫害后就易引起死亡，造成退笋。

营养不足造成的退笋，又可分为干退笋、收尾笋、高脚笋、刀伤笋、脱胎笋。

(1)干退笋　竹箨干缩，箨身深褐色而松散，箨舌紫色。竹笋通常生长在土层瘠薄、石砾较多之处。

(2)收尾笋　生长缓慢，质量不佳，箨身有黄褐色斑点，竹笋尖，斜度大。

(3)高脚笋　箨身白粉，呈干缩状，节间细长，竹笋似高脚形，上部较大，基部较细。竹笋腐烂时自下向上。

(4)刀伤笋　箨身有褐色，带紫色的茸毛，箨耳及毛显现红色。笋尖度大，秆细长而弯曲。一般是地下茎的根受伤后而长出的竹笋。

(5)脱胎笋　有出土和未出土 2 种，出土的矮小，是从土层深处生长出来。秆呈不规则形，箨身白色或淡红色。

三、竹秆及枝叶

(一)竹　秆

1. 秆　竹子的地上茎形圆而中空有节，称为秆，由一系列节与节间所构成。秆是竹子最重要的部分，秆的下部与秆基相连。竹秆的秆茎、秆基、秆柄三部分，秆柄上没有芽，秆茎及秆基各生有芽。秆基上所有的芽，一般为圆形。秆茎的芽，因竹种不同，有卵形、珠形或长三角形等。竹秆各节左右交互各生一芽，由下至上成列。芽的形状，一般上下部不同，但亦有完全一致的。芽的外面被有鳞片，称芽鳞。芽伸长成为枝条，芽鳞前面不规则裂开或完全脱落。因竹种不同，秆茎的芽少的仅 1 个，多的达 7 个，即使同一秆茎，亦因上、中、下部位不同，所拥抱的芽数目不等。

秆的各节相互间有浅沟，秆基部节上有 2 个枝芽，每节互生 2 个或 1 个主枝。分枝以下的秆部，不再高生长。秆茎的组成部分见图 1-3。

秆茎为竹秆的地上部分，即挺立于地上的部分，为全秆中最长，具有明显的节。节中间空，节上有二环，下为箨环，是秆箨脱落后留下的痕；上为秆环，是居间组织停止生长后留下的

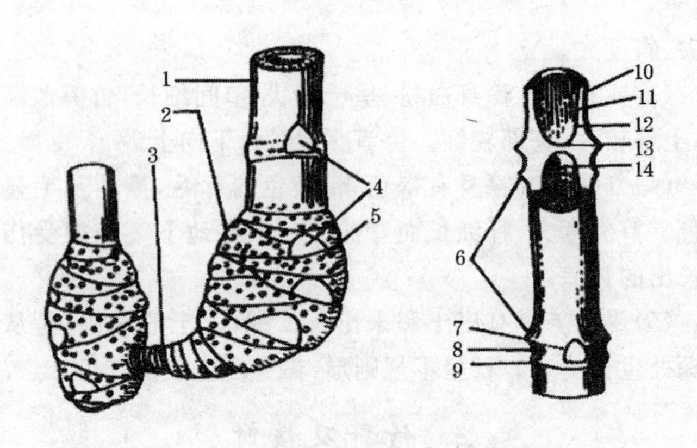

图 1-3　秆的结构

1. 秆茎　2. 秆基　3. 秆柄　4. 芽　5. 根原基　6. 节间　7. 秆环　8. 节内　9. 箨环　10. 竹青　11. 竹肉　12. 竹黄　13. 竹隔　14. 竹腔

环，环与环中间的部分称为节内。竹种不同，节和节内的形状和长度等常有显著区别。竹节形状和长度变化较大，一般为圆筒形，呈绿色，但有的略呈方形，有的呈龟甲状。有的为紫黑色，有的为黄色，或有条纹。竹笋出土 1 个月即可高齐母竹。其生长如此迅速，是由于每节秆基有生命力极旺盛的分生组织。这种分生组织在适宜的环境下能不断地进行细胞分裂。竹秆发生竹枝的方向常与地下茎蔓延方向大体一致，即地下茎方向为东西时，枝条长出的方向亦多呈现于东西方向。因此，由枝条长出的方向，可以推定地下茎蔓延的方向。

在枝条下的秆呈圆筒状，分枝以上的秆称梢。竹秆的下部多无枝，在顶端优势的影响下，新竹梢部各节的主芽和副芽全部萌发抽枝，而中下部各节主枝基部的部分副芽和侧芽则处于休眠状态，在条件合适时，能陆续萌发至数年之久，在竹丛培育上，可以利用这种特性来进行扦插繁殖育苗。

2. 节间　竹秆中空有节，节和节之间称为节间。节间的长短因竹种和生长部位的不同而有不同,通常在竹秆的基部及先端较短,中央部较长。在竹节的基部,由细嫩的细胞层组成,每节由2个环合成,上环称秆环,下环称箨环,为秆箨处着生。上下两环相距约为竹节长的1/50～1/30,此段距离称为节。节内的中间层称为隔,使秆更加强固,免致割裂曲折。竹箨由箨鞘、箨舌、箨耳及箨叶等部分组成。竹箨生于竹秆各节箨环上,笋生长时,其箨即脱落,亦有于秆成长后,竹箨留于节上。竹箨的性状是鉴定属种的重要依据之一。幼嫩竹秆的每一节间,基部质地较柔软,中上部则较坚硬。

(二)枝

1. 枝条　枝条由秆茎上的芽长成,即由箨环与秆环中间的芽发育长成枝条,是附着叶片的器官。枝条中空、有节,节有箨环、枝环。不同的竹种,分枝类型各异,同类竹种有固定的分枝类型,分枝类型成为竹类识别和鉴定的重要依据之一。一般将其分为5种类型,见图1-4。

(1)一枝型　每节具1分枝,有时上部几节可具3分枝以上。

(2)二枝型　每节具2分枝。

(3)三枝型　每节具3分枝,粗细相近。

(4)多分枝型　每节具多分枝,又分为有主枝的多分枝型和无主枝的多分枝型,有时竹秆上部可生长5～7个分枝。

枝条长出不久,其枝腋间生有前叶,形状狭窄,其来源是内侧的1个芽鳞。最初,前叶全部覆盖枝芽,枝条长出时则张开,通常以其凹陷处对向秆或主枝,而其两边缘则紧抱着新枝。

2. 主枝　竹秆侧芽内有1个肥大主芽和若干个副芽,主芽发育完全,萌发生长成为竹秆各节的主枝,副芽比较弱小,

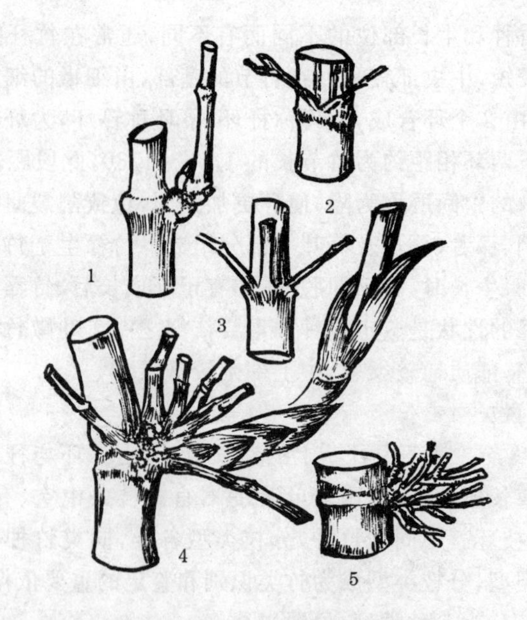

图 1-4　分枝类型

1. 一枝型　2. 二枝型　3. 三枝型

4. 多分枝型(具主枝)　5. 多分枝型(无主枝)

依次分布在主芽两侧,为枝箨所包被保护,在主芽抽枝后,也陆续萌发,形成竹节上的次主枝和簇状丛生的小枝。

主枝生长过程与竹秆近似,与秆部连接处主枝的茎较小,其中也没有空洞,但最坚韧。主枝斜向上,隆起而成为主枝之分蘖节,长约 3 厘米。分蘖节中常有根点数点至数十点,以后则成长为根,长 1～2 厘米,裹在枝箨内。一般近地面基部的主侧枝,大多数主枝常潜伏不发。再高 3～5 节的主侧枝则大而长,主枝茎粗 5～6 厘米,长 4～5 米,侧枝茎粗 1～3 厘米,长 1～2 米。秆越高枝越短,至其先端弯曲下垂后,主侧枝大小长短均差异不大,且各节仅生长 2～4 条,长仅 20～30 厘米，各附着叶 7～8 片，而在秆下垂的末梢亦如一小枝，附着叶 8～9 片。

地上秆部每节的秆芽是复芽，可生小竹几条至十几条，生长成主枝 1 条，侧枝数条至 10 余条。由主枝第一节抽出的次生枝条为第一副枝与第二副枝，抽出的枝条至第四小枝。在小枝顶，第一年生长的叶脱落，成为小段空隙。在老竹丛中夏秋季间出土的笋，至秋末冬初时，地上秆基部已脱箨成竹，其秆上几节的芽，常常先后生出侧枝数条，然后，其中 1～2 个芽，有时各生长主枝 1 条，但均较短于上部各节。除了竹子梢端下弯部分外，生长的主侧枝，因接近地面，常被折断。再高及竹秆末梢的芽，一般在翌年清明前后竹秆脱箨完毕后，才从其先端渐次向下方开始萌发，至 6～7 月间才充分生长成一新竹。在空旷处，无任何荫蔽的主侧枝的芽，自地上的秆至末梢，在同一夏秋季节将全部萌发。竹箨如被伤残或被风吹断，特别是近折断处，复芽随之全部萌发，且较主枝和侧枝大而长。

老竹丛的主枝老化或被折断时，生长 2 条次主枝及数条次侧枝，2 条次主枝都比正主枝较大而长，次主枝老化或再受伤时又可生再次主枝，但小于次主枝。然直径稍大而位于空旷处，充分接受阳光的新竹，长成竹子后，其中有的主枝虽未曾受任何损伤，也可生出次主枝及再次主枝等。所生各种次主枝，可重叠至数十条之多，但其中多数呈半枯萎状，不能用于繁殖种苗。

（三）叶

叶生长于竹秆枝条上，叶互生，排列成 2 行，为叶鞘与叶片 2 部分。竹子的叶有营养叶和茎叶 2 种。叶和秆箨的结构见图 1-5。

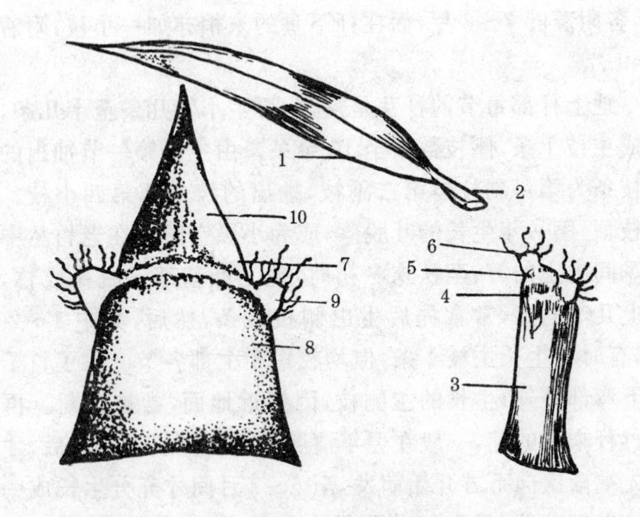

图 1-5　叶和秆箨的结构

1. 叶片　2. 叶柄　3. 叶鞘　4. 叶耳　5. 叶舌
6. 茸毛　7. 箨舌　8. 箨鞘　9. 箨耳　10. 箨片

1. 营养叶　营养叶是正常的叶，生于末级小枝，由叶片、叶柄、叶鞘、叶舌和叶耳组成。叶片位于叶鞘上方，叶片基部通常有短柄，称叶柄。叶片通常为披针形或矩形。大的长 30 厘米、宽 5 厘米，小的仅长 2 厘米、宽几毫米。边缘粗糙有小锯齿，或其一边近于光滑。正面色泽较深而光滑，背面呈灰绿色而被有茸毛。子叶背面突起；有的竹种叶肉组织由栅栏状细胞组成，细胞内充满叶绿素，有的竹种叶肉组织并不具有此种细胞。叶鞘生长在枝条的节上，通常较小枝的节长，并于一侧开缝。叶鞘与叶片的连接处，常向上延伸成一边缘。在内侧边缘有时较高，成为一舌状突起，称为内叶舌。外侧的边缘称为外叶舌。此现象为竹类所特有，在叶鞘顶端之两侧，叶片基部两侧尚可各有明显的叶耳。叶片先端及基部的形状，因竹种而异。竹笋生长出土后，经 2～3 个月即抽枝发叶完全成竹，其分蘖节上的再生竹笋，较大而长，又经 2～3 个月后，再生的竹笋也可生长为成竹。

2. 茎叶　茎叶即“笋壳”，特称为箨或秆箨，是一种变态的叶，生于竹秆或主枝的各节，对新笋和幼嫩的茎节有保护作用。与叶相似，秆箨也相应地由箨片、箨鞘、箨舌和箨耳等组成，一般无柄。在同一竹秆上，秆箨的形态逐渐发生变化，在竹秆梢部最先端，秆箨几乎变成了叶。因此，作为竹种分类依据之一的秆箨，必须指明其生长的部位，一般选择竹段中下部的秆箨作为分类描述的依据。

四、花和果

(一)花

1. 花序　由少数花集合成小穗，小穗聚合为圆锥花序、总状花序或穗状花序，亦有小穗聚合枝条上的每节而成假圆锥花序。

2. 总苞　少数竹种于部分花序或小穗的基部附有总苞，其形状有各种变化，如佛焰苞等。

3. 小穗　小穗又称畚花，包括小穗轴、生于其上而作覆瓦状排列为 2 列的苞片及位于苞片内的小花。

4. 颖　每一小穗有 1 至数颖，颖中空，故亦称空颖。颖上有小花。

5. 外稃、内稃　每小花包括外稃及内稃各 1 个。

6. 鳞被　每一小花除外稃、内稃外，覆有鳞被 3 片，2 片位于花的前侧，1 片位于花的后侧，鳞片小而透明，亦即变形的花被。

7. 雄蕊、雌蕊　雄蕊通常 3 枚，亦有多达 6 枚或更多。

雌蕊在雄蕊以内而位于花的中心部分，子房1室，内有1胚珠，其上为2或3花柱，亦有1花柱，顶端为2或3分支的羽毛状柱头。

(二)果实 果实通常为颖果，干燥而不开裂。因其果皮紧，与种皮粘贴，体型较小，故常认作种子。胚珠位于颖果基部，与外稃相对，在其相反的一侧，具有痕迹，称为脐，亦即胚珠生于胎座上的附着点。

第二节 甜竹笋对环境条件的要求

甜竹笋的根系非常密集，竹秆较集中，耐水能力较强，对土壤、水肥条件的要求较高。在我国华南、西南的热带和亚热带地区，过去大多数的甜竹笋种植分布在平原、谷地、溪河沿岸。近10年来，甜竹笋已进入人工成片商品化和集约经营栽培，成为连片高产的竹林。大多数甜竹笋的地下茎入土较浅，竹子的部分秆基及其芽眼经常露出地面，加之是夏秋季出笋，当年新竹的木质化程度较差，经不起寒冷和干燥，在纬度较高的北方生长受到限制。

甜竹笋的生长及分布状况，首先是受各种环境条件制约。影响甜竹笋生命活动的自然因素主要是温度、水分、养分、土壤等因素。从大的地理区域来看，温度条件决定了甜竹笋生存的区域范围，其次是土壤条件，它决定了甜竹笋具体分布的位置；而水分则决定了甜竹笋的生长状况。在竹笋生长时期，水分是影响竹笋生长和产量最重要的生态因子。

一、温度和水分

(一)温度 从整个竹类植物成片分布范围来看，年平均温度为12℃～22℃，1月份平均温度为－2℃～10℃，极端最低温度为－20℃的地方，才有可能生长竹子。因种类不同，对温度要求也有差异。

竹笋春季生长的速率，主要受温度的制约，出笋迟早主要受温度影响。在竹笋生长过程中，随着气温的升高，竹笋生长加快，气温降低，生长就减慢。当气温急剧下降，持续时间又长，竹子易受寒害，轻者竹笋生长停滞，重者死亡。秋季寒潮侵袭，也会导致甜竹笋产笋期缩短，影响竹笋生长和产量。冬季低温的地区，秋分以后出土的竹笋，由于生长期间已临寒冷，生长受到抑制，不能抽枝长叶，有的半途死亡。同一地区，种植在平地的竹子的竹笋出土早于山区，种植在阳坡的竹笋出土早于阴坡。春季温暖年份，竹笋出土早于春季低温年份。在一片竹林里，植株稀的竹园竹笋出土早于密的竹园。土壤上层和林缘温度上升较快，竹笋出土也较早。只要温度降低，就会使竹笋出土推迟，从而影响竹笋的经济效益。春季暖和，平地与山区竹笋出土时期差异不大。在一天中，白天温度高，晚上温度低，夜间及早晨竹子生长较快。竹子生长的最适宜温度，取决于转化酶最高活性的适宜温度和光合作用产物积累超过呼吸作用消耗的最大值的适宜温度。低温会影响竹笋生长发育，高温也会破坏叶绿体中酶的活性及叶绿体细胞的结构。

根据甜竹笋对温度的适应性，我国适宜种植甜竹笋的地区最好的是海南省，其次是台湾、广东、广西、云南、福建南部等地区，基本上是北回归线以南的地区。在温度条件适宜竹子生长的气候带内，水分条件对竹子分布和竹笋生长发育起着决定性作用。

(二)水分　甜竹笋出土时期，若土壤水分充裕，可早出笋,但出笋数量与甜竹笋幼芽期的降水量有关。春雨后高温,甜竹笋生长态势旺盛,就会有大量竹笋出土,故称之"雨后春笋"。竹笋的年生长主要集中在每年的6～10月份,此期内完成甜竹笋的生长期,细胞的分化、组织形态的构成要求得到大量水分。若9～10月份降水量在100毫米以下,接着冬天和翌年春天干旱,甜竹笋的幼芽分化与发育则受到影响,从而使翌年的甜竹笋产量显著下降。麻竹、绿竹要求年降雨量在1 400毫米以上。

降水量和空气相对湿度明显影响甜竹笋的生长。甜竹笋在夏秋季节出笋,此时的空气湿度是影响甜竹笋幼芽发育和竹笋生长的外界主导因素,土壤含水量也影响甜竹笋生长发育。夏秋两季降雨分布均匀,土壤适度湿润,萌发甜竹笋粗壮,竹子生长快;7～8月份若气候干燥、土壤干旱,则竹子生长慢,甜竹笋产量也不高。晴天和高温干旱天气,竹子的蒸腾作用和林地的蒸发作用加强,减弱了甜竹笋体内吸水膨胀,影响居间组织的细胞分裂伸长活动,从而影响甜竹笋生长。到夜间,温度下降,湿度增加,甜竹笋生长量就大于白天生长量。

甜竹笋生长过程中,温度适宜并且水分充裕,能加速甜竹笋居间组织的细胞分裂和伸长、扩大,从而促进甜竹笋生长。如果长期干旱,不下雨,空气和土壤过于干燥,会严重影响甜竹笋生长,幼笋退化增加,甚至萎缩死亡,甜竹笋的鲜嫩程度受到影响;相反,如遇久雨,林地低洼积水时间过长,土壤通气不良,则影响竹子根系的正常生理活动,从而影响甜竹笋生长,有的甚至引起甜竹笋窒息死亡。

二、土壤和养分

(一)土壤 土壤是竹笋生长的基质,甜竹笋的稳定高产和优质与土壤性质密切相关。适于甜竹笋生长的土壤条件如下。

1. 土层　土层要求深厚肥沃，含有较多的有机质和矿质营养，能源源不断地提供竹笋生长所必需的矿质元素、水分和热量。甜竹笋生长快，生长量大，蒸腾作用强，既需要充裕的水温条件，又不耐积水淹浸，故对土壤的要求高于一般树种，过于干燥的沙荒地带，低洼积水和地下水位过高的地方，都不适宜甜竹笋的生长。

山坡位置的土壤和水分条件的不同，直接影响竹子的生长。一般南坡的空气和土壤温度均比北坡高。一般山脊土壤容易被冲刷流失，土壤瘠薄，同时承受风力较大，空气和土壤湿度较低；山腰、山谷能堆积从上面冲刷下来的肥沃表土，土壤肥沃深厚，背风温暖，水分条件好，竹子生长就好。竹子生长的速度是山谷＞山腰＞山脊。

2. 土壤团粒结构　甜竹笋生长要求土壤团粒结构好。即土壤有良好的团粒结构和物理性质，要求结构疏松、孔隙性和透气性好、持水量大以及吸收能力强。如土壤紧密度大、板结、孔隙度小，空气容积也减小，从而影响好气性微生物的活动和有机质的分解。土壤通气性失调，不利于甜竹笋生长。

3. 土壤质地与甜竹笋品质　pH 值 4.5～7 呈酸性反应的土壤，群众称之为乌沙土或香灰土，具有良好的理化性质，是适宜甜竹笋生长的土壤，能使甜竹笋根系发达，伸展范围大而深，竹笋品质好；其次则是沙壤土、黏壤土；重黏土、石沙多的土壤最差。过于干燥的沙荒地带，含盐量在 0.1％以上的盐渍土壤，低洼积水和地下水位过高的地方，都不适合甜竹笋的生长。据越南徐善道的研究，红泥壤土生长的甜竹笋质量最佳，其肉质松脆、白嫩、带甜味，这是因为红松泥土中含有大量的石英砂和白云母片，且土层深厚疏松，一般深达60厘米左右，土壤pH值5.4～5.5；其次是黄泥土；最差的是黄泥沙土生产的甜竹笋，幼笋外壳厚，竹笋瘦小，黄白色，食用易反胃。

(二)养分 甜竹笋生长需要的营养元素有：氮、磷、钾、硅、镁、钙、铁、碳、氢、氧、硫等大量元素和一些微量元素，而主要则是氮、磷、钾、硅等几种元素。甜竹笋的产量和质量均取决于竹子生长状况与营养物质积累的多少，大量的营养物质是依靠母竹供给和及时施肥给予补充。在土壤肥沃、生长良好的竹林里，母竹生活力强，吸收和贮存的养分丰富，可以较充分地供应甜竹笋生长的需要。因此，甜竹笋幼芽萌发率高，竹笋出土多，生长旺盛，质量也好。而在立地条件差，生长不良的竹林里，竹子生长细弱，贮存的养分少，大部分竹笋因缺乏营养而死亡。同一地段的地下茎上长出几株新笋，往往只有靠近母竹的1～2株生长健壮，其余因养分不足而生长纤弱，甚至造成退败。后期出土的竹笋，由于母竹植株所贮存的养分已大量消耗，因而生长衰弱而缓慢，有的最后衰退死亡。

甜竹笋生长期间，砍伐竹子和挖取竹笋会造成植株受伤，大量竹汁流出，减少了竹笋生长所需的养分来源，可使竹笋生长衰弱，大部分退败。挖竹笋技术差也会降低竹笋产量。竹笋不及时挖，会消耗较多养分，从而抑制后期竹笋的出土与生长。竹笋幼芽萌发过程中，其内部要发生一系列的生理变化。在适宜的水分、温度和氧气的条件下，各种酶的活性增强，呼吸作用逐渐旺盛，母竹中含有的蔗糖、还原糖、可溶性氮化物和不溶性蛋白质等在酶的作用下水解，变成简单物质供给甜竹笋幼芽的生长发育。这些营养物质的转化，需要消耗大量能量。因此，母竹植株留得过早，也会造成营养物质集中在母竹植株上，而抑制其他竹笋的萌发与生长。

营养物质对竹笋生长甚为重要。竹笋、母竹是互相联系的有机体，而母竹又居于主导地位。地上植株的枯荣，涉及竹子地下茎的兴衰。所以，竹子生长必须留足健壮的母竹，加强培育管理，改善土壤条件，提高竹林光合作用能力和养分的积累，为竹笋生长提供充裕的物质条件。

第三节　竹子开花与抑制方法

一、开花现象

通常罕见竹子开花。若竹子开花，开花后枯死，俗称自然枯。竹子开花是一种正常的生理现象，是生理成熟和衰老的象征。竹子开花与竹子年龄无关系，竹子开花与营养有关。

竹子开花现象四季都有，开花初期先由枝条尾端抽出花穗，然后渐次开花。开花时老的竹叶变黄脱落，逐渐出现花序，在花序上同时长出几片小叶。竹子开花先由中下部侧枝开始，接着是竹子上部的枝，最后全株开花，而竹林开花则先发生在个别竹子上，再渐渐蔓延到全林，达到盛花期，以后又只有少数残留的竹子开花，整个开花期可持续3～5年。在同一地区内，即使同一品种的各片竹林，开花先后不齐，持续时间更长，有的可达10年以上。竹子开花不受竹子年龄的限制，有的在刚抽出的新竹枝，不着生叶片而长出小穗花轴，因此开花较早；有的在新竹枝梢上先生新叶，而后在先端长出小穗花，故开花较迟；还有的新竹在当年正常生长，冬末春初形成花芽而开花，开花的竹子，能不断孕育花芽，不断开花，花期持续时间长。

竹子开花有一定的先兆，一般在花前叶色变枯黄，竹叶逐渐卷曲或全部脱落，或换生一种短小变形的新叶，减少出笋。在开花前1～2年，竹子产笋减少或根本不出笋，即使出笋，笋体细小，老的竹叶变黄，上部常有小型丛生枝叶。开花前1年秋季竹叶渐变黄色，冬初在枝头上已有开花现象，在竹子的枝端出现花芽，小枝下垂而开花，到了寒冷时期又中止，翌年春季青叶渐渐脱落时，细小的竹枝上长出花序，3～4月份后，盛行开花。根据竹农经验，在大面积竹林开花以前，常常出现竹林内小竹开花或有零星的大竹开花，这些现象是竹林开花的先兆。竹子开花与林木开花的现象不同。林木开花后照常发育。竹子则不同，常常经数十年开花1次，开花后有的全体枯槁成为废材。绝大多数竹子开花以后，逐渐死亡；有的竹子全部开花以后，并不立即死亡，生小穗的枝条上，孕育新花芽，进行第二、第三次开花后才死亡。还有的竹种，开花后仍然长出小竹子和抽出小竹笋，这些小竹中，有的又继续开花1～2次后死亡，有的则不再开花而发出新叶，进行正常生长。

二、影响竹子开花的因素

（一）竹子开花的根本原因　竹子开花的根本原因是由于竹类植物具有开花结实的生物学特性，一旦达到生理成熟，就会开花。然而生理成熟期到来的迟早，又受到环境条件、管理水平的影响。

竹子开花周期的长短，主要决定于竹子发育成熟的程度。因此，不仅竹种不同有差异，而且还受环境条件因素的影响，造成竹子的各个根系生长发育差异很大，即使起源相同，有的营养生长旺盛，延迟开花；有的则表现衰老，提前开花。如遇到天气干旱、土壤长期缺水，会使竹子体内含水量降低，造成营养生长受阻,促进地下茎衰老,从而促进已经发育成熟的竹子很快形成花芽,引起开花。在湿润的气候条件下,由于有充足的水分供应,使竹子的营养生长处于主导地位,萌发新笋,不断长成新竹,复壮更新旺盛,有利于提高竹子的活力,抑制生殖生长,推迟成熟和衰老阶段的来临,延长竹子开花的间隔时间。其次,竹林乱砍滥伐,土壤肥力衰竭,使竹子营养生长受到抑制,加速竹林的自然成熟进程,从而促进了竹子开花。

竹子开花与衰老死亡密切联系,开过花的竹子,接着就是死亡。竹子的衰老周期因竹种而不同,复壮周期因环境条件而异。竹子经营只要增加复壮条件,加速复壮周期,就可能改变衰老周期。

(二)竹子衰老与复壮的因素

1. 水分　竹子体内水分含量的多少,是年龄老幼的明显标志,幼嫩竹子含水量比衰老或成熟的竹子多。竹子从生长期至延长期,细胞内水分含量很多,以后含水量不断降低,老叶的含水量比嫩叶少一半。竹子体内水分的减少,象征着近于衰老或死亡,因此很多竹类开花与干旱密切关联。天旱时,土壤水分缺乏,土壤溶液渗透压增高,使竹子吸水困难;同时,因为空气干燥,竹子体内糖类浓度增高,营养生长转向生殖生长,加速衰老周期,所以在干旱时,容易引起竹子开花。水分缺乏并不是开花的决定条件或惟一条件,竹种衰老周期不同,并非遇有干旱即全部开花,在不干旱情况下,亦可能开花。

2. 肥料　竹子开花后,竹地下茎及竹秆所贮存的养分,全部被花吸收消耗,因此秆部渐变枯色,以后则有倒伏或折断,往往成片竹林全部死亡。研究表明,在同一竹子上开花的竹枝与不开花的竹枝比较,开花的竹枝的总糖含量增高64%,氮素含量降低80%,磷的含量降低64%。也就是说,竹子体内糖类物质增加1/3以上，含氮物质减少50%以上，碳氮的比值增高，磷的含量减少等变化，是竹子即将开花的标志。氮素肥料能加速复壮而阻止衰老。

3. 新老器官　复壮是由于新器官、新组织的新生与发育，或细胞的分裂，产生幼年状态物质而形成的。老竹充塞林内，必然妨碍新竹发育生长，衰老占优势能引起竹子开花。因此，必须及时清除老竹和老的地下茎，促使新的地下茎和新竹发育，增强复壮条件。母竹出生新笋，在新笋进入第二阶段需要吸收大量水分，并从母体内吸收许多营养。母竹体内糖类营养物质的适量消耗，能减少开花的倾向。在理论上说，植物体内可溶性糖类含量过多，容易转向衰老。

三、抑制竹子开花的方法

根据竹子生长发育规律、开花结实特性和引起开花的环境因素等，可以采取相应的农业技术措施，抑制或延迟竹子开花。

(一) 加强抚育管理　竹子开花主要是自身生理性成熟的结果，外界环境和人为活动对竹子开花也有影响。如气候条件、土壤、营养、病虫等环境条件以及人为经营活动等外界因素都可以加速或延缓开花程度。控制外因条件，可以抑制生殖生长，促进营养生长，提高竹子的活力，促进更新复壮。对开花竹子的更新改造，可采取相应的农业技术措施，如加强培育管理，及时施肥、浇水，合理选留新竹以及适时适量地采伐，使竹林保持旺盛的营养生长，抑制生殖生长，可延迟开花。为使竹林减少开花，应该注意保护竹笋，避免新笋、幼竹遭受兽害、虫害、风害等，竹林必须选留适量的新笋，使新笋经过第二阶段生长，消耗母竹体内一部分糖类。另外，竹子在开花以后，地下茎根还没有全部死亡，只要加强肥水管理，还可以使竹丛复壮。

（二）垦地培土 竹子开花时，处理方式是将开花的竹子砍伐。砍除开花竹子以后，在雨季前后或在冬季进行全面整地，挖去老蔸和残蔸，除草压青，并进行施肥培土，务必使竹林土壤肥沃疏松，干湿适宜。还可采用培土和铺草等措施，改善水分供应状况，以防止其他竹子开花。

面积较大的竹园，在砍伐开花的竹子以后，将竹园划分为若干带，带宽 1～1.3 米，在雨季或冬季进行整地，将老蔸和残蔸全部挖除，保留健壮的小竹，然后施肥和培土。对仅有零散开花的竹林，可加强培育管理，进行浇水、施肥、松土、施经无害化处理的垃圾或河泥，并采用挖掉开花竹、增施人粪尿的方法，抑制开花蔓延。而对老竹林预防开花的主要措施是加强培育管理，及时施肥培土，适时排灌，保护新笋，培养新竹，防治病虫害，合理采伐等，使竹林复壮更新，复垦、深翻、挖掉老竹茎、疏松土壤，促进地下茎的生长，确保竹林保持旺盛的生长势。对于荒芜的竹园，垦荒松土，清除石块、老蔸，进行全面复垦，有条件的还应施肥、培土和浇水，也可起到延缓竹子开花的作用。

（三）多施氮肥 改善竹林的水肥条件，多施氮肥，少施磷肥。氮肥能促进竹子的营养生长，施氮肥能提高叶片含水量，能加速复壮，阻止竹子衰老及开花。磷肥对竹子开花有促进作用，不宜多施。对于将出现开花的竹子，可单独施肥，每株施尿素 150 克，分 3 次施入，每隔 10 天施 1 次。挖竹笋时要防止损伤竹茎，尽量减少竹子割笋的伤口液流，并及时防治病虫危害，使竹林旺盛生长，推迟竹林的衰老期，抑制、延缓竹子开花。

（四）清除开花竹子 竹子开花将消耗大量的营养，必须及时处理开花的竹子。如不及时处理，会使竹子缺少营养而加快开花的速度。对已经开花的竹子，必须及时砍掉，以减少养分和水分的消耗，使竹丛仍能保持产笋。对于整株开花而没有叶片，或只有少量细小叶片的竹子，应及时连蔸挖去，以减少养分的消耗。对于部分枝条开花的竹子，可暂时保留，并修剪掉开花的枝条。竹农的经验是："随开随砍，林内出笋，开花不砍，林地草满"。为减少竹子基部的伤口液流，可把竹子基部的土壤挖开，露出竹蔸，在紧接竹蔸处下刀将竹秆伐除，并在坑内浇水，施人粪尿，填土。这样，既减少了根的伤口液流，又增加了土壤肥力，起到促进竹林更新的作用。

第二章 甜竹笋主要栽培品种

我国竹类资源可以食用竹笋的竹子有 200 多种,但并非所有的竹笋都具有食用价值,现主要食用竹笋的种类,共约 33 个种,11 个变种。在我国热带和亚热带地区,食用甜竹笋生产栽培的主要品种是麻竹、绿竹和甜龙竹等品种,其中麻竹占 70%左右。

第一节 麻 竹

一、形态特征

麻竹别称笋母竹、六月麻、八月麻、甜竹、大叶乌竹、大头典竹、沙麻竹、挲摩竹、粗麻竹、苏麻竹。麻竹的地下茎合轴丛生,竹秆丛生,高 9～20 米,胸高直径 8～13 厘米。地上秆部竹节有 50～60 个,幼竹每节各有 1 个呈三角形的复芽,左右分列,以后萌发为主侧枝。幼时顶端下垂或作弧形弯曲,竹秆节间的距离较长者一般在秆部第八至第十二节,长约 47 厘米,有的长可达 60 厘米。竹秆越接近竹梢和越近地面,竹秆节间的距离越短,至末梢仅有 14～15 厘米。秆绿色,幼时秆表面有被粉。秆壁稍厚,节隆起。箨广三角形,淡黄绿色,有暗紫色细毛;箨片长卵形,表面无毛,背面沿箨片的小脉散生白色细毛,长 6～15 厘米。枝条通常仅生于秆的上部,分枝与主秆呈直角水平展开,主枝有时可长达 5 米,侧枝较短。叶在每小枝上 7～10 片,叶长椭圆形或广披针形,先端有小尖头,基部圆形，边缘有小锯齿，嫩叶时叶脉上生有细毛，叶片的侧脉有 11～15 条，清晰可见，叶片长 18～45 厘米，宽 4～13 厘米；叶柄长 5～8 厘米，无毛；叶鞘全长可达 19 厘米，鞘耳不明显，鞘舌突起，高 2 毫米。圆锥花序，生于枝节上，有小穗花 8 朵，其下 1～2 个空颖，为广卵形，或者阔圆形，长 12～15 毫米，宽 7～10 毫米，密生有白色缘毛，上半部边缘现紫色；花内稃较外稃为小，长 7～10 毫米，上半部带有紫色，背面有 2 条龙骨状突起，背面和两缘有白色软毛；鳞被缺；雄蕊 6 枚，花药淡黄色，线形，长 5～6 毫米，先端尖细，有毛，基部突入，接于花丝，花丝较短，露出颖外；雌蕊 1 枚，子房扁球形，上半部散生有白毛，1 花柱，丝状，长 10～11 毫米，密生有白色细毛，柱头具羽毛，单裂，偶为 2 裂。花期 3～4 月份。麻竹笋壳黄绿色，被暗紫色毛。笋体圆锥形，长约 25 厘米，基部直径约 12 厘米，单个重约 1 千克，大的 3～4 千克，肉质较粗，笋箨稍呈三角形，质硬，未见阳光时淡黄色，表面有微细茸毛，见光后转黄绿色而有暗紫色的细毛。

二、生长发育过程

(一)笋的生长 麻竹要求年平均温度为 18℃～20℃，1 月份平均温度为 8℃～10℃。麻竹在气温降至 0℃时出现冻害，－5℃时竹子茎秆地上部分全部冻死，－7℃～－9℃时地下部分全部冻死。麻竹生长要求一般年降雨量 1 400 毫米以上。麻竹笋期生长有一定的规律，即出笋具有初期、盛期和末期的生长规律；麻竹笋期从 5 月上旬开始，至 11 月上旬停止。出笋高峰期为 8 月下旬至 9 月中旬，笋的高生长高峰因出笋时间而有差异。自然生长条件下，笋出土 3 天后，单个鲜笋平均重 800～1 100 克，平均直径 5.4～5.7 厘米。待出笋稳定时，平均笋高度达15厘米，直径10～14厘米。幼笋出土后，初期高生长缓慢，平均日生长量1～3厘米，约经历10天后，生长上升，盛期开始，平均日高生长量6～7厘米。据潘标志报道，福建省麻竹笋生长划分为3个时期，即初期5～6月份，出笋占20%～30%；盛期7～8月份，出笋占50%～60%；末期在9～10月份，出笋占20%～30%。但出笋数与留竹时间早晚有密切关系，若留竹早，则竹株大，但后期笋少。据潘孝政(1986年)报道，浙江省平阳县于3月中下旬麻竹的笋芽萌动开始，4月底至5月中旬达到萌动盛期，整个萌动期历时80天左右，总萌动率仅为62.9%，潜力很大。

麻竹笋的高生长具有初期、上升期、高峰期及末期的生长规律。竹笋出笋迟早因各地气温不同而略有差异，如海南省的麻竹出笋期于5月中旬开始，而浙江省温州市的麻竹出笋期则于6月中旬开始，6～7月份出笋初期，植株出笋数量占全年总数7.74%；8～9月份出笋数量最多，占全年总数的85.94%；10月份为末期，占全年总数的6.32%，竹笋高度和茎粗初期较小，后渐增。出笋高峰期，竹笋个体最大，随后又变小。

(二)幼竹的生长

1. *幼竹的生长发育特点*　麻竹的幼竹生长可以划分为初期、上升期、盛期和末期。幼竹的生长过程中，居间分生组织分裂伸长活动，关系到日后形成的竹秆的形状。竹秆的节间伸长均等对称，则竹秆的形态圆直，一般竹秆除基部几节外，都有侧芽。由于幼竹竹秆生长的顶端优势影响，侧芽处于休眠状态，故在高生长停止前很少抽枝发叶，除了早期出土长成的新竹具有少量枝叶外，新生的幼竹的叶子尚未生长，竹秆是光秃的。幼竹枝叶的生长，从竹秆顶端的节开始，由上而下，先抽枝，后长叶。一般竹秆在完成第一期生长后，不再增高或膨大，而仅在一定年限内增加竹枝密度。从大型竹芽萌发到新竹枝叶生长完成的全部过程，需10～12个月。

2. 幼竹的生长过程　麻竹笋出土后，幼竹生长甚速，当年可伸长数米至十几米。初期高生长极为缓慢，每天生长量只有几毫米，最大不超过2厘米。上升期的高生长逐渐加快，一般历时10～15天。盛期竹笋的高生长最快，几乎呈直线上升，一般1昼夜的生长量在10厘米以上，在延伸区段中，生长量最大的3个竹秆节间，1日的生长量为全株1日生长量的30%～56%。末期高生长速度又变缓慢，历时较长，最后逐渐停止。出土后40～50天，一般新竹平均高度为9～11米，最高可达20米，1天最大伸长量达86厘米。到达顶点后，生长减缓，平均日高生长量2厘米以下，以后每日逐渐变小，呈下降的趋势，直至生长停止。据日本志贺观测，竹笋初出地面时伸长甚缓，往后逐渐加快，经25～30天，即达最大限度，其1天最大伸长量可达1.5米。又据福都(Robert Fortune)多年观察，竹伸长夜间较日间快。据罗克(Lock)就大麻竹观察，秆的伸长速度到5米左右渐次增加，自此至15米为增长阶段，以后逐渐衰退，到30米为止。1天平均伸长量，竹笋高1米时为10厘米，竹笋高5～15米时为30厘米，竹笋高20～25米时为15厘米，在此中间最大伸长量为45厘米。因此，在幼竹生长这一阶段竹园管理的中心任务是迅速扩大竹子的地下茎、根的分布范围，增加立竹的密度，促进幼竹郁闭成林。一切栽培措施都要围绕这个中心。

(三)成竹的生长

1. 成竹生长特点　成竹的生长可以划分为幼龄竹、成龄竹和老龄竹3个阶段。在竹林郁闭和成林阶段，其生长发育的特点主要表现为:地上新竹迅速增加,并逐渐增粗。新竹离原母竹的距离愈来愈远,并逐渐郁闭成林,其地下系统迅速向四周扩散,地下茎数量迅速增加,并逐渐增粗。这一阶段的主要矛盾是竹子与杂草灌木之间对光照、养分、水分的争夺逐渐转变为竹子之间对光照、养分、水分的争夺。竹子在适应环境的同时,又同化环境,形成以竹为主的植物群落。随着竹子年龄的增加,同化器官和吸收系统逐渐完善,生理代谢活动逐渐增强,有机营养物质逐渐积累。

2. 成竹的生长过程　麻竹 1 年生的竹子无枝叶,其生长表现在竹材质量的变化上,生长过程仍可区分为增进期和稳定期。增进期一般在 4～6 月份,稳定期则在 7～9 月份。进入冬季后,麻竹秆材停止生长。在一般甜竹笋中,1 年生的新竹处于幼龄竹的阶段,竹秆的高度、茎粗、体积不再有明显的变化,但其内部组织幼嫩,水分多而干物质少,枝叶、根系还没有充分生长发育。2 年生的竹子的产笋能力最强,3 年生的次之,4 年生的产笋量很少,5 年及 5 年以上生的基本上不产笋。4 年生的竹秆组织相应地老化充实,水分减少,干重增大,竹材性质良好,竹子处于成龄阶段。5 年生竹子的叶量逐渐减少,根系逐渐稀疏,生理活动逐渐衰退,材质逐渐下降,竹子进入老龄的阶段,开始出现枯萎。甜竹笋的产笋及成竹的数量和质量,主要取决于幼龄竹、成龄竹的比例,幼、成龄竹的比例越大,产笋能力越强,成竹质量越高。对 2 年生麻竹典型秆材的性质分析,抽样测量结果表明,人工栽培麻竹平均直径 6.1 厘米,平均高 10.3 米,经济秆材平均单根竹子的鲜重为 7.2 千克,平均干重 4.4 千克。秆壁厚度 10.65 毫米。从竹材特征指标分析,麻竹秆材硬度大,适宜于原材利用,可用作建筑材料及农具,竹秆亦可用作制浆造纸的辅助材料。

第二节　绿　竹

一、形态特征

绿竹别称甜竹、篆竹、石竹、乌药竹、鲎脚绿。绿竹的地下茎合轴丛生，竹秆丛生。绿竹秆高可达 6～10 米，最高达 20 米，直径 10 厘米，形正秆圆，幼时被蜡粉，其后剥离而呈绿色。箨黄色，平滑无毛，箨顶截形；箨舌短，截形，边缘具微细锯齿，无毛；箨耳小，仅有长 10 毫米左右的须毛数条；箨片三角形或长三角形，边缘有短细毛。枝丛生，细长。叶生于小枝上，每小枝 7～15 片，披针形，先端渐尖，基部圆或锐，或者稍歪斜，边缘有细锯齿，且粗糙，表面无毛，长 7～15 厘米，鞘舌截形，鞘耳小，有长 7～9 毫米的须毛。小穗赤紫色或淡黄色，披针形，长 20～30 毫米，有花 8～10 朵，除上端 2～3 朵花外，其余均系完全花；外稃卵形或卵状椭圆形，长 15～17 毫米，宽10～13 毫米，两面无毛，有 20～30 条平行脉，上方紫色，两缘有白毛，下方为淡黄绿色；内稃较外稃为小，披针形，长 12～16 毫米，宽 3～5 毫米，半透明，背面有两龙骨突起，白色；鳞被透明，2～3 片，披针形，长 3 毫米，宽 1 毫米，上半部有白色缘毛；雄蕊 6 枚，花丝长 14～17 毫米，不抽出稃外，花药露出，黄白色，线形，长 7 毫米，先端为丝状，有细毛；花柱长 13 毫米，被有白色短细毛，基部单一，淡黄色，中部 3 支，白色，子房卵形，上半部黄绿色，散生有白毛，下半部黄白色。果实状态不详。花期多在夏季至秋季，开花后枯死。

二、生长发育过程

(一)生长特点　绿竹种植后，新竹在母竹蔸上萌芽而成丛生状。绿竹的笋芽在夏秋季萌发、产笋。笋芽从母竹秆基的分蘖节(笋蔸)长出，秆基分蘖节通常由6～10节组成，均在地面下，每个分蘖节上有1个大型芽，称为笋目。彼此排列在秆基两侧，近似对生。按其排列顺序，自下而上，有头目、二目、三目……秆下部的芽比秆上部的芽成熟，因此秆下部的芽抽笋较早，生活力也强。每株竹子的竹笋目，在1年内只有3～5个能萌发长成笋，其余不会萌发，或萌发后因营养不足而退笋。只有1～2龄的竹子的分蘖节上的茎芽有萌发力。早期早收的笋蔸，晚秋能再次萌发出竹笋，称"二水笋"。凡生长"二水笋"的笋蔸，残留的竹笋目翌年失去萌发能力。盛期和末期出土的竹笋，其笋蔸上的笋芽，当年不再萌发。一般笋芽自下而上萌发，也有中间先萌发的笋芽。

(二)生长过程　绿竹性喜温暖湿润，气候是绿竹生长的关键因素，尤以极端最低气温为限制绿竹生产的最主要因素。绿竹不耐严寒，要求年平均温度18℃～22℃，1月份平均温度8℃～10℃，极端最低温度为－6℃以上。当温度降至0℃，绿竹受寒害，降至－5℃时，绿竹地上部分会冻死，低于－7℃，绿竹整株冻死。年降雨量1 400～2 000毫米，年平均相对湿度65%～82%适宜绿竹生长。绿竹生产栽培主要在福建、广东、广西、浙江南部地区和台湾省、海南省。

绿竹生长对土壤要求严格，要求深厚湿润、疏松肥沃、富含腐殖质的中性至微酸性的壤土，也可选择沙质土或冲积土。溪河两岸、路旁、缓坡地下部、房前屋后等都适合绿竹生长。在不同立地类型生长的绿竹，其胸径大小是河滩地大于山地。

绿竹对地形的要求也较严格，绿竹自然分布的海拔高度一般在400米以下，所以种植绿竹，应注意选择海拔高度400米以下，土层深厚、疏松，水温条件较好的山谷、山麓和山腰地带，小规模种植可以优先选择在溪流两岸的冲积地、水库渠边及沟渠两旁。土壤干燥瘠薄、石砾多或山坡中上部都不宜栽植绿竹。

绿竹的产笋期为5月下旬至10月上旬，发笋盛期在6月下旬至9月上旬，其中7～8月份出笋数占全年的60%，出笋初期和末期笋体较小，重量较轻；出笋盛期笋体较大，较重。竹笋出土初期生长缓慢，经几天后，很快进入速生阶段，竹的高度不断增长，增长态势保持较长时间，在40～55天时稳定保持最高的生长水平。55天后，绿竹高生长增长逐渐缓慢，竹子顶梢端逐渐弯曲下垂，并最终在80天左右停止。绿竹自笋目萌发至长成新竹平均每天生长10～14厘米，最高峰期可达15厘米。晚期出土的竹笋，经一段时间生长，进入冬季后会减缓或停止生长，待翌年春天继续生长，直至长为成竹。绿竹胸径生长情况见表2-1。

(三)竹林密度与笋产量　生产上，绿竹笋竹林密度一般是指种植时的密度，亦即成林后的单位面积竹丛数（竹丛密度）。通过竹丛立竹的数量可计算出单位面积可栽植绿竹的最大密度，并由竹丛产笋量与丛立竹数的关系导出，丛立竹数为4～7的绿竹林，其相应最大密度下可获得最高产量（产量高于311千克/667平方米）。目前绿竹林在经营过程中，一般密度为每667平方米40丛，丛立竹数一般为10～14株，对比之下，其丛立竹数偏大，而密度偏小，生产上可根据实际情况做一定调整。绿竹丰产林单位面积竹笋产量见表2-2。

表 2-1　绿竹胸径生长情况

（高瑞龙等，2000 年）

年　度	第一年	第二年	第三年	第四年	第五年
胸径(厘米)	2.47	3.62	4.52	5.30	5.99
年增长(厘米)	2.47	1.15	0.90	0.78	0.69

表 2-2　绿竹密度及产量

（董建文，2000 年）

株数	冠幅	竹丛密度	竹笋产量	
（株/丛）	（米/丛）	（丛/667 平方米）	千克/丛	千克/667 平方米
3	2.81	84	3.55	300
4	3.15	67	4.63	311
5	3.47	55	5.66	314
6	3.76	47	6.65	314
7	4.04	41	7.60	311
8	4.29	36	8.51	308
9	4.53	33	9.37	305
10	4.75	30	10.20	302
11	4.95	27	11.00	299
12	5.14	25	11.76	296
13	5.32	23	12.48	294
14	5.49	22	13.18	292
15	5.64	21	13.84	290
16	5.78	20	14.48	289

第三节 甜龙竹

一、形态特征

甜龙竹别称甜竹。甜龙竹的主要栽培品种包括勃氏甜龙竹、版纳甜龙竹和马来甜龙竹 3 种。甜龙竹的地下茎合轴丛生，一般秆高 12～18 米，最高达 25 米；胸径一般为 8～15 厘米，最粗达 20 厘米；梢头长，下垂；节间长 30～50 厘米，幼时节的上下密被白色茸毛，或黄棕色茸毛，条状排列；主枝发达，有时不发育，一般侧枝先发育，主枝较为粗壮，侧枝纤细；基部数节节上常有气生根；秆箨早落，秆箨长 40～52 厘米，宽30～45 厘米；叶长 20～40 厘米，宽 4～7 厘米，叶色深绿；花呈簇状，每一枝节上有若干小穗，每小穗通常仅产 1 粒种子，颖果，种子较罕见。

甜龙竹笋体圆锥形，与麻竹笋近似，产笋期 6～10 月份，笋体重 1～3 千克。

二、生长发育过程

(一)生长条件 甜龙竹是优质笋材两用竹种，经济价值高，属热带竹种。喜温暖湿润气候，适宜生长于热带和亚热带气候，年平均温度 17℃～21℃，极端最低气温－2℃，年降雨量1 100～2 000 毫米，年平均蒸发量 1 200～2 300 毫米，年平均相对湿度 70％～86％。忌重霜，在有重霜的地区，冬季地上部分被冻坏，待翌年春季地下部分的节芽或笋芽眼又萌发抽枝，进入雨季后发笋成林。根系发达，须根密布浅层土壤，具有一定的抗湿能力。在疏松肥沃、湿润的土壤上生长最好，在各种母岩发育而成的酸性土壤(pH 值 5～7)上生长良好，在沙土或土层厚度不到 30 厘米的薄层土壤上能正常生长。在丘陵山坡、路旁、河岸、溪边或宅旁空地均可种植。分布于海拔 500～2 000 米，适生区为海拔 1 000～1 800 米。

在我国，甜龙竹主产区在滇中以南，包括西双版纳、红河、临沧、思茅、德宏、玉溪和保山等地区，经过多年引种驯化，甜龙竹分布范围已扩大到广东、广西、四川、重庆、贵州、福建、湖南、海南等省、自治区、直辖市，生长良好。

(二)生长过程

1. 竹笋高生长　甜龙竹从长笋至停止生长约需 40 天，竹笋的最大日生长量约 39 厘米；竹笋的日生长量、昼生长量、夜生长量都随竹笋的逐渐长高而加快。竹笋的高生长规律遵循“慢－快－慢”的生长大周期。甜龙竹夜间生长量明显大于白天生长量，光能影响竹笋的高生长，使得平均生长量夜里比白天大 30%左右。由于 IAA 对细胞的作用主要是促进细胞伸长。当白天光照时，IAA 转变为无活性的结合态，或在 IAA 氧化酶作用下分解而含量下降，从而使细胞的伸长相对减慢，伸长的细胞数相对减少，导致白天的生长量小于夜间的生长量。

2. 竹秆生长　甜龙竹的物候期是 3～4 月份枝芽、节芽萌动，抽枝展叶；4～5 月份笋芽萌动；接着出笋生成新竹；12 月份至翌年 1 月份休眠，秆箨逐渐脱落，每年换叶 1 次。甜龙竹 1 年生竹子为幼龄竹，大多无枝叶，竹秆含水量高达 60%以上；2 年生竹子为成龄竹，大量抽枝展叶，生命力旺盛，产笋能力很强，竹秆含水量为 40%～50%；3 年生竹子为成熟竹，大量抽枝展叶，生命力开始衰减，有一定的产笋能力，竹秆含水量 40%～50%，可开始采伐利用；4 年生竹子进入成熟期，竹秆含水量30%～40%，已达成熟年龄，力学性质稳定，可以大量采伐加工利用；5年生以上竹子为老竹，开始出现负生长。

3. 枝条生长　甜龙竹的枝条是竹子生长到一定阶段后长出的。一般情况下，侧芽发育得比较完善，枝条生长时是先生长侧枝，但也有主枝先生长的，有时主枝并不发育。枝条的生长一般有2种：一种是自下而上地长枝条，一种是自上而下地长枝条。前一种是当年6～7月份生长的笋，气温较高，竹笋生长到一定阶段，秆箨脱落，此时脱落了秆箨的节芽摆脱了秆箨的束缚，并接受了光照刺激，形成枝条，竹笋仍在长高，秆箨未脱落完，先脱落了秆箨的节就先长枝条(侧枝一般自秆箨脱落6～7天后即开始出现明显的生长)，形成了自下而上生长枝条的状况。另外一种是在8月份之后产笋，气温逐渐下降，由于温度降低，即使秆箨脱落，枝芽也不再萌发，而是等到翌年气温上升到一定阶段才抽枝展叶。此时秆箨已全部脱落，但因顶端优势的作用，下部的节上不能再先发枝条，而是从上部开始逐渐向下发枝。

枝条的生长状况也表现出"慢—快—慢"的生长规律，开始时枝条生长缓慢，生长量每日为0.25～0.65厘米，之后逐渐加快，进入高生长期，最多时每日可达3.26厘米。据观察，甜龙竹的展叶过程在相邻节间枝条几乎同时展开，就单一枝条而言，枝条顶端的叶片最先展开，其他遵循自下而上的规律进行，下面侧枝的叶子已全部展开，上面侧枝的叶子则还处于分化、伸长之中。

4. 产笋　甜龙竹的产笋期为6～10月份，笋体重1～3千克，大的可达6千克。笋体大、质脆、香甜可口，营养丰富。据分析，甜龙竹鲜笋含糖量为4.05%，含蛋白质2.78%，谷氨酸含量达3.7毫克/100克(干重比),比一般竹笋高53%,因而食之有鲜甜味。甜龙竹在5月份开始出笋,7～8月份为盛期,10～11月份为末期。竹笋在土中生长时间较长,鲜笋品质鲜嫩,出土后竹笋纤维老化,笋的品质下降,所以要多次培土。当竹笋露出不到30厘米时,应及时割笋。

甜龙竹营养生长一般50～60年,以后开花死亡,一丛竹子从开花至死亡需3～5年时间。在一定范围内,产笋数与母竹株数呈正相关;产笋数还与土壤肥力、管理状况等有关,即土壤肥力好、管理跟得上,产笋率会高一些。母竹的基部一般有竹笋目6～10个,这些竹笋目在竹林密度适中时,由于有充足的阳光照射到林内土壤表面,提高了土温,加之竹林密度适宜,且通风透气良好,此时若有充足的水分和营养物质供应,就有利于竹子的细胞分裂,促进根系生长,合成生长物质,使竹笋目能很快地发育成为竹笋,从而提高了出笋率。若竹林密度过大,阳光多被叶片遮挡住,不能或很少能照射到竹丛内部的土壤表面,土温不能得到提高,细胞分裂减慢,竹笋目发育成竹笋的量减少,通风透气性差,病虫害易发生,导致退笋增加,从而降低了产笋率。

第三章　甜竹笋高产栽培技术

第一节　种苗培育技术

甜竹笋种苗有母竹苗、竹秆苗、竹枝苗等。生产上主要是利用无性繁殖，即用竹子的营养器官，如竹子秆基、竹秆、竹枝等进行繁殖种苗。种苗的繁殖方法主要有母竹苗培育法、埋秆育苗法、扦插法、高位压枝育苗法等。

一、母竹苗培育技术

(一)母竹苗　母竹苗是按优质种苗的要求直接从竹园的母竹丛选取竹子而留用的种苗。即在苗圃中将成丛的竹子分成若干单株并移植于苗床内，继续培育成竹苗。

母竹的选择，以竹叶已完全展开的竹丛中的幼龄者为佳，应在定植后 4～6 年生的竹丛中选择，要选生长健壮、枝叶茂盛、无病虫害、秆基芽眼肥大充实、须根发达，竹秆 1～2 年生，长势良好的幼龄竹为母竹。母竹最好选择竹笋中期出土，胸径 6～7 厘米，根茎两侧有竹笋目 4～6 个，须根和支根发达的竹子。一般这些竹秆生长在竹丛边缘，秆基入土较深，芽眼和根系发育较好，离母株较远，挖掘方便。选择的母竹，要注意大小适中。采用母竹苗做种苗，竹子较大，成活率高，但挖掘、搬运、栽植不方便，生产成本高。

竹丛中期出笋数量多，笋体健壮，生活力强，如选留早期出土的竹笋为母竹，则因消耗竹丛大量养分，影响当年竹笋产量;末期的竹笋长成的竹子质量较差,而且到冬季时竹梢部分尚未老化,易遭冻害,也不宜选为母竹;3年生以上的竹秆,残留下来的秆基芽眼多半老化,失去萌发能力,根系衰退,不宜留为母竹。幼竹、老竹不能选为母竹苗。幼竹与老竹的鉴别方法为:竹丛的竹叶尚未完全展开者为幼竹;从竹秆色泽上看,凡全秆被有白粉者为幼竹,竹秆节间中部白粉淡薄或脱落者年龄较大,节下边无白粉而仍呈绿色者为2年生竹,白粉全脱落者或呈黄色者为老竹。

(二)母竹苗培育方法 母竹苗培育是利用竹丛中的母竹作为苗种而培育的优质种苗。母竹苗培育方法也称移栽母竹法。甜竹笋的笋芽着生在母竹秆基两侧,母竹移栽后具有早生快发的优势。母竹的秆基与比秆基老1～2年的植株相连,新竹互生枝伸展方向与其相连老竹枝条伸展方向正好垂直,而新竹秆梢倾向于老竹外侧,但有时因风向关系难以辨明。

1. *挖掘母竹* 母竹选择后,在阴天或晴天的下午,将选留的母竹,去掉母竹的尾部,保留母竹1/3的枝叶,然后挖掘母竹。挖掘母竹的时间可选在春季清明前后1周内,竹秆基部的侧芽开始萌发时进行。先在选定的母竹外围距离母竹25～30厘米的地方扒开土壤,由远到近,逐渐深挖,避免损伤秆基芽眼,同时注意保留竹的须根,在靠近老竹的一侧,找到种竹秆与老竹秆基的连接点,用锄头从种竹的秆柄处切断,切口要平,不可撕裂秆柄。不伤秆柄和秆基,否则易引起腐烂。为保护母竹秆基两侧的芽,要挖至母竹自倒为止。一般甜竹笋的竹种的秆茎较长,竹秆较粗,可实行单株挖蔸,挖掘母竹时应注意保护秆基与根系,多带些泥土。对挖出来的母竹,轻轻去掉部分泥土,截去竹子的尾部,切口呈斜面,切口应在节的下端,以便在母竹上端留有1个竹秆节间,供定植后盛水，促进新竹成活，特别是遇干旱天气，这样做更为有利，而且定植后不易被风吹摇动。挖掘的母竹短距离搬运，无需包装，但应防止茎上的芽和根茎受伤，以及泥土脱落。在搬运时竹秆宜直立，如将秆部放置肩背上扛母竹，易使竹子的根蔸受伤，泥土脱落。远程运输时，母竹必须用草包等把竹蔸包扎。母竹包扎或湿润根部，防止根系干燥，运到定植园后注意遮荫，保湿与催根 5～7 天，待新的白根长出时，才进行定植，这样可提高母竹苗成活率。

2. *栽植母竹*　甜竹笋的竹种多属于浅根系，缺乏由胚根发育的主根，对土壤及地势的要求，栽植母竹宜选择土质疏松肥沃、排水条件较好且湿润的沙质壤土作为苗圃。定植时竹秆与地面成 45°～60°的倾斜，竹秆向东南或南，坡地以向上坡为宜，平地倾向多为与母竹同一方向。母竹栽植的株距一般为 50 厘米，栽植深度以原来挖掘母竹的生长深度为标准，在干旱地栽植可深种 5～10 厘米。母竹秆基切口须向下，并使切口与土壤密切结合，以便吸收水分与养分。秆基的笋芽朝向两侧，便于出土，沿着母竹苗秆基周围填入松土，先从周围将土压紧，然后再盖上 3～5 厘米泥土即可。

(三)竹苗分株再育苗法　竹苗分株再育苗法适用于所有丛生竹种。在苗圃中选择 1 年生以上、木质化程度较高的竹丛作为分株母竹丛，选择这样的竹种，能提高成苗速度和成活率。育苗操作是在距离竹丛 20 厘米的竹蔸周围开始挖掘母竹丛，挖起竹蔸后，去掉部分泥土，再一株一株分开，修剪掉大部分枝叶，注意保护根系，用稀泥浆蘸根。移栽时按株距20～30 厘米，行距 30～40 厘米开沟定植，或栽植到营养袋中，保证苗正根舒，定植后要及时浇灌定根水。这种方法 1 年可分株 4 次，一年四季都可以进行，以 3～7 月份为好。

二、竹秆苗培育技术

(一)竹秆苗 将竹秆埋入土中培育的竹苗，称竹秆苗。凡长有隐芽的竹种，都可用竹秆繁殖竹苗。竹秆苗培育有埋节法和埋秆法等育苗方法。埋秆育苗可分为带蔸埋秆、压条埋秆、原条埋秆、埋竹节的方法。压条埋秆和原条埋秆基本相同，所不同的是压条埋秆的母竹秆就近压入土中，不与竹丛分离，而原条埋秆需把母竹秆和竹丛分离，移到苗圃地进行。埋秆育苗要掌握在竹秆养分积累丰富、芽眼尚未萌发前进行，以春季 2～3 月份进行比较合适。

(二)带蔸埋秆育苗法

1. *竹秆选择和处理* 选择竹丛边缘 1～3 年生、枝节完整、节芽较多、节芽和枝芽饱满、竹秆的茎粗中等、竹秆绿色、无病虫害的健壮母竹。将母竹从竹秆基部连蔸(根)挖起，避免伤笋芽，削去竹梢最后的 1～3 节，或砍去竹梢；大型竹子留 15～25 节，中型竹子留 10～20 节，剪掉全部侧枝，仅留主枝 1 条，中心主枝从基部第一节上方 1～2 厘米处剪去枝梢。除保留主枝 1～2 节及周围侧芽外，其余全部剪除，主枝上生长的小枝也要剪掉梢头，留 2～3 个芽，尽量减少母竹养分与水分的消耗。挖带蔸竹秆时，先将选定的竹秆的母竹外围距离母竹 25～30 厘米的地方扒开土壤，找到种竹秆与母竹秆基的连接点，从竹秆的蔸部挖掘，竹秆和竹蔸一起挖出来，不伤秆柄和秆基，以保护母竹秆基两侧的芽，注意保留竹的须根。然后在竹蔸弯曲方向的相反一面，用砍刀在每个节间中央砍一个切口，切口深度为竹秆直径的 1/3；或用锯在每个节间中央相距 1～2 厘米处锯一个环口，深 0.2 厘米左右；切口是用利刀砍一个 2～4 厘米宽斜口，深达秆茎中部，注意勿使竹秆破裂。

竹秆的切口和环口处理使得竹体内生长激素向下输送受到阻碍，使养分不能全部输送到蔸部，减少了竹秆顶端生长对各节发芽生根的抑制作用；同时因为秆的节间与蔸并未完全切断，竹蔸吸收的水分和养分，均能输送到秆的各节上供各节幼苗早期生长的需要，避免埋秆育苗在幼苗出根前由于营养和水分不足而易于死亡的缺点，因此大大提高了成苗率。

2. 栽植　栽植距离视竹秆长度而定。秆大而长的，株距稀，用种竹较少；秆小而短的，株间密，用种竹较多。如采用秆长 5 米的种竹，行距通常为 3 米，每 667 平方米埋秆 34 株；若行距 2 米，则需用种竹 50 株。

栽植时先挖好埋秆沟，在已整好地的苗床上横向挖沟，埋根蔸的部分深 30～45 厘米，沟底填基肥或松土 10 厘米，埋秆的一端深 20～30 厘米，宽 30 厘米，长比竹秆增加 30～45 厘米，坑内泥土充分打碎，踏实根蔸这一端，然后把全秆埋入土内，踏实，使各节侧芽紧接土壤，以便于发芽生根。埋秆时将母竹平放于育苗沟中，使秆柄向下，切口（砍口）向上；埋秆时，要使每个小枝尽量保持直立。覆土以后让小枝上的 1～2 个枝芽露出地面，覆土 5～10 厘米厚，踩实，盖草淋水。

3. 带蔸埋秆法育苗的优点　带蔸埋秆法是全株竹秆都埋入土中，竹秆不露出地面，可减少蒸发，因此带蔸埋秆育苗法的成活率比母竹移栽法高。竹秆不截断而带根蔸，各节养分可互相交流，根蔸发新竹根快，故成活率高。竹秆长的节上亦出新竹，较母竹移栽节约种竹。新竹的竹丛密生，效果好。根蔸发出的新竹较移栽母竹发出的新竹高大，株数较多，成林及成材亦较快，用此方法育苗成活率达 50％以上，带蔸埋秆育苗法是简易而有效的繁殖方法，在生产上可以广泛应用。

(三)压条埋秆育苗法　压条埋秆育苗是竹秆依附母竹丛,就近将竹秆压下埋进竹园表土中而进行育苗的方法。具体方法是,一般在2～4月份,竹秆养分积累多时进行压条埋秆育苗。选择土壤肥沃、地形平坦、稀疏的丛生竹林或透光度大的竹丛边缘进行压条埋秆。母竹选择1～2年生、生长健壮、隐芽饱满的竹秆。从选定母竹的基部向外开1条水平直线沟,深、宽各15～20厘米,沟长相当于压条竹秆的长度。拣去沟内的草根、石块,沟底填一层细土,施适量基肥,与土拌匀。在压条竹秆基部(背水平直线沟面)用刀砍1个缺口,缺口深度为竹秆径的2/3,宽度不超过4厘米,缺口要光滑。然后将竹秆向开沟方向慢慢压倒,秆留节约20个,在各节的中间砍一个3～5厘米的口子,缺口向上,削去竹梢,保留最后1节上的枝叶,剪掉全部细小侧枝,只留1～2根中心枝条或次生枝条。所留枝条从下向上第一节上方约2厘米处剪去枝梢,以利于光合作用和养料及水分的运输循环。其余各节枝条除留主枝1～2节外,全部从基部剪掉。枝条朝左右方向放置,两秆相距15～20厘米,枝(芽)向两侧,覆土5～10厘米厚,轻轻压实,露出末端一节的枝叶,踏实、浇水盖草,保持土壤湿润。注意加强林地的管护,久雨要排水,干旱要浇水,防止牲畜进入林地践踏。发现竹秆露出外面要培土覆盖。要经常浇水,约3个月左右,各节隐芽可发笋和生根,长出竹苗。翌年清明前后就可分株移植,逐节锯断成为独立竹苗供繁殖用。

节间缺口是提高母竹发芽的关键所在。因为缺口使母竹生长激素向下输送受阻,并使每节养分相对集中,削弱了竹秆顶端生长对中下部各节发芽生根的抑制作用,同时因为竹秆各节并未完全切断,一节成活就可以提供水分、养分给其他各节，从而保证各节芽、枝芽都能成活、成苗，每667平方米产竹苗7 500～12 000株。

(四)原条埋秆育苗法 选定作为竹种的母竹从基部平地砍断，不带竹蔸进行育苗，称为原条埋秆育苗。原条埋秆育苗法与压条埋秆育苗法相似，差别之处仅是原条埋秆育苗的竹秆与母竹丛分离。由于竹秆生长受顶端优势影响，各节上的隐芽萌发有快有慢。原条上部的隐芽萌发生长快，下部各节隐芽生长慢。为使竹苗整齐均匀，促使各节隐芽出笋生根，可在各节的中间砍一小口，再进行埋秆，埋秆时将每根竹秆平放于沟中，竹秆首尾交错，缺口向上，可以提高出苗率。育苗后要加强管理，出土前要经常浇水，保持土壤的湿度。如果在苗床上搭遮阳棚，可提高成苗率。出苗后进行中耕培土，适当施肥。

(五)埋竹节育苗法 将作为竹种的竹秆砍成竹段(每段1～3节)后埋进表土中培育竹苗，称为埋竹节育苗。埋竹节育苗法培育种苗的具体方法是，选1～2年生生长健壮的母竹平地砍断，砍去竹梢，除保留主枝第一节外，其余全部剪掉，分成若干段，用刀或锯截成单节段或双节段。在截锯节段时要注意，同一母竹各节隐芽的养分贮存也是下多上少，由于顶端生长优势的影响，上部各节隐芽萌发早，容易死亡，而中下部各节隐芽充实，生活力强，尽管萌发较迟，但生根较快，长势旺盛，育苗成活率高，故在截锯节段时必须注意保护好有效秆节、隐芽。粗大的母竹可截成单节段，细小母竹宜截成双节段。

埋竹节育苗法可分为竹节平埋、竹节斜埋、竹节直埋几种方法，以竹节斜埋的成活率最高。埋竹节时，有单节、双节、三节的埋秆育苗，一般竹秆双节育苗将竹节平埋，单节育苗将竹节斜埋或直埋。将节段平放或斜放埋在沟中，沟深10～14厘米，竹节平埋时，节上切口向上，单节芽向上，双节芽向着两侧。为提高成活率，竹秆砍下后立即截秆和埋秆。如需长途运输，要采取保湿措施，运到目的地后，先用清水浸泡1～2天，等待母竹充分吸水后，再进行截秆育苗。截秆后可将节段两端切口塞满湿泥。双节段可以在两节的中间用刀平行斜砍1个长3～5厘米的口子，并留住砍下的竹片，注水封泥，或注入养料，然后将砍下的竹片盖住缺口，防止泥土进入竹腔，覆土5～6厘米厚。在埋节前也可用生根粉进行处理，对节段生根有促进作用。注意覆土要踏实，并在地面铺盖稻草或无害化处理的垃圾，再进行浇水，经3周后开始发芽。如气温过高，土壤干燥，还要及时浇水，促进发根，防止新芽枯萎。再经1个月，新根长出，育成竹苗。

埋竹节繁殖成功的原因，主要是依靠种竹秆枝的侧芽、节芽(相当于母竹秆基的笋眼)发育成长为新竹，依靠芽附近突出的茎根(相当于母竹秆基的须根)发育成新根。主枝或竹节本身相当于母竹的竹秆，由于秆芽、须根都具备，故能脱离母竹独立生长。如果仅是地上出新笋，地下不及时发新根，主枝或竹节存有的养分消耗殆尽，竹子亦必随之枯死。埋竹节方法的成活率以埋双节、三节育苗高于埋单节育苗。从埋秆至育成竹苗，约需1年时间。用此法育苗的优点是成本低、育苗数量大，缺点是种植后的第一年发育迟缓，或因选取的母竹已近衰老期，育成的竹苗可能会开花，造成损失。对甜龙竹单节育苗试验证明，竹段长70厘米的成活率达38.6%，竹段长50厘米的成活率为28.4%，竹段长30厘米的成活率仅为4.6%。原因是竹段越长，养分越充足，故成活率越高。

(六)竹秆扦插法　竹秆扦插适用于节上长有根点或气生

根的中小型竹，从3年生健壮竹株选取竹秆中部粗壮、有根点的竹秆，茎芽饱满的枝条作插穗。具体做法是，先将选好母竹的竹丛从基部伐倒，将枝条连同秆节用利刀劈下，留20个节，锯去竹梢，每节除留主枝1节和周围侧芽外，其余全剪除。用剪刀或利刀2节一段切成插穗。插穗劈下后，还需进行修剪，除去中间弱枝，留取2个侧枝，从节间锯断，锯口距离节2～3厘米，便成具有1节或2节的小段插穗。插穗要保持湿润，保护好插穗基部，同时在扦插前用100毫克/升萘乙酸或10毫克/升吲哚乙酸溶液浸基部12小时，可促进生根，提高成活率。在大面积扦插时，需要准备一定数量的插穗，可先将插穗基部对齐扎缚成捆，使基部3～5厘米浸入清水中，时间不超过2～3天，防止风吹日晒。若插穗经长途运输，运到后也要先浸水，让其吸足水分后再进行栽植。

扦插繁殖宜在立春至春分前后进行。插秆时，先在苗床中按行距25～30厘米开水平沟，将肥沃松土填满1/3坑，用脚踏实，使其恢复毛细管作用，再将插穗插入土内，双节段平放，单节段斜放或直放，然后用土填满坑，不用踏实，以免摇动竹秆而使切口与土壤不能很好结合。插穗斜度及深度以保留的主枝潜伏芽距离地表5～7厘米，并使上端切口刚入土为度。这样既能保持水分，又使上端切口也能吸水。最后盖杂草或覆松土一层，所留侧枝要露出地面。

用育苗袋育苗，竹秆入育苗袋中，斜插15°～45°角，其基部插入深度为3～6厘米，仅留1节露出地面，踏实土后盖草淋水。

三、竹枝苗培育技术

(一)竹枝扦插法 竹枝扦插适用于具有大侧枝的竹种，

多用于麻竹及绿竹等竹种。竹枝扦插育苗是利用甜竹笋的竹秆的主枝、侧枝、次生枝带有隐芽的部分进行扦插，隐芽发育长笋培育而成的竹苗。扦插竹苗培育最适期为3～4月份，因为春季温度较低，养分积累丰富，竹枝容易生根，成活率高。夏秋季温度高，正是竹笋生长时期，生理代谢旺盛，竹秆竹枝贮存养分少，竹枝抽枝早，生根慢，故成活率低。竹枝育苗选2年生的母竹的竹枝（主枝、次生枝均可育苗）作为选用竹枝，选用竹枝的母竹要求生长健壮，分枝矮，枝叶繁茂，无病虫害，胸径6～7厘米，根茎发育正常，两侧有4～6个笋芽，秆基的笋芽肥壮、形大充实饱满，其周围有很多细长的侧根。

竹枝扦插竹苗的培育一般利用苗床进行育苗。扦插苗在苗床培育，整地深度20～25厘米，然后做苗床，苗床宽100～120厘米，苗床高10～20厘米，步道宽30厘米左右。苗床地的土壤要晒白，扦插前20天左右进行全面整地。苗床平整时把土地耙细，疏松土壤。整地前每667平方米用筛细的经无害化处理的垃圾土1 000千克和钙镁磷肥（或过磷酸钙）20千克为基肥，并用生石灰10～15千克消毒土壤，将肥料和石灰均匀撒施，翻入土壤中。

竹枝扦插法是从2～3年生竹秆上选生长健壮、生长发育良好、隐芽饱满并有根点的主枝，从主枝基部砍下，注意不要伤损主枝基部，并在第三节上适当保留些枝叶以利于光合作用，约在2厘米处剪断，其他丛生在一起的细小侧枝全部剪掉，主枝的枝条尾梢亦剪掉，仅留基部3～4节，剥除枝箨使芽眼露出，即可扦插。主枝扦插采用斜插，先在苗床上开好小沟，沟深12～15厘米，株间距15厘米，然后插条与地面构成45°～60°角，枝蔸离地面深度5～6厘米，将最上1～2个节芽（枝节）露出地面，株行距均40厘米，若有竹秆，则竹秆垂直地面，主枝自然倾斜，扦插完毕覆土踩实。应注意不要损伤基部小笋芽，竹苗要浇透定根水，浇水时应将插穗叶子上的泥土淋洗干净，及时盖草，进行常规管理。扦插密度为每667平方米8 500～9 000株。

利用竹子的次生枝条也可扦插育苗，特别是2～3年生的断梢的竹子，失去顶端优势，抽枝较多，枝条粗壮，生长旺盛，隐芽饱满，竹节上根点明显，竹秆陆续萌发次生枝，用来育苗很容易抽笋发根。在春季竹子开始萌动时，选生长强健的1～2年生竹秆，锯掉竹梢，剪除各节的主枝，并挖开竹蔸两侧的土壤，用小刀划破秆基芽眼，覆表土。这样竹蔸不再发笋，积贮的养分专供抽枝发叶，萌发大量次生枝条。把选定的侧枝掰下，在第三节上方约2厘米处切断，并把留下的枝叶剪去约2/3就可扦插。扦插前挖好插穴，随即将插穗插入穴中，切口宜向下，使枝上潜伏芽距表土深9～12厘米。扦插后在顶端穴洞中浇水。

扦插后应适时浇水保湿，最好用稻草或麦秆铺于行间，并遮荫，遮荫高度一般在80厘米以上，以方便日常拔草、施肥等管理。枝条扦插后约50天可生根，生根后20天左右可长出第一次笋，新竹茎比母竹茎粗20%左右。出笋后用人粪尿对水70%左右浇施，每10天1次，以后浓度逐次加大。经过2～3个月的生长和养分积累，可以长出第二次笋，第二次所发新竹苗又较第一次的竹径粗1倍左右。一般第一次出笋1～2个，第二次出笋2～3个。适时锄草松土，加强水肥管理，1株插穗当年就可发展成为1丛竹苗，翌年春季可出圃定植。

（二）次生枝采萌 次生枝采萌是人工促进母竹的次生枝萌发，并采集次生枝用于繁殖种苗的技术。甜竹笋在一定范围内，留母竹高度越高，次生枝萌发越多；伤秆基芽眼愈多，次生枝萌发也越多。因此，可在甜竹笋产区营造次生枝采萌圃，大量繁殖种苗。

人工促进采萌圃次生枝萌发的技术，使1龄新竹能萌发大量品质好、枝龄一致的次生枝，并且由于母竹矮化，发枝部位降低，次生枝采集方便，比在天然竹林中采集工效提高数倍。每年发笋盛期按每丛留母竹要求留养1株或2株生长健康、粗壮的竹笋作为翌年的新母竹，其余竹笋一出土立即挖除。采用截顶后保留母竹高度7节，损伤母竹秆基全部芽眼，根据竹种配合施用不同浓度的营养液，即每月施5克/升尿素溶液1次，每丛1升。应用上述技术措施营造的次生枝采萌圃，每年每公顷可获得品质好的次生枝42 500～54 000枝。为保证次生枝采萌圃能持续经营，每年每株母竹预留2～3个秆基芽眼，作为繁殖后代和更新用；并在翌年早春对新母竹进行截顶处理，保留母竹适当的高度，砍除多年的老母竹，使丛内1年生竹、2年生竹结构保持比例为2∶1。经上述措施调整后的采萌圃每年每公顷可获得次生枝比每年重新营造采萌圃的方法增产13%左右，这样为大面积采用次生枝育苗提供了充足的枝源，有利于良种快速繁殖和推广。

(三)高位压枝竹苗培育技术　高位压枝竹苗是利用幼龄竹秆上的部分隐芽，在适宜的环境条件下，采取适当的措施，促使隐芽萌发生根，生长成活，培育而成的竹苗。一般麻竹、绿竹等主枝有隐芽，在适宜环境下均可萌发和生根，长成竹苗，也能长成独立竹子，都可以采用竹枝压条方法繁殖育苗。即将主枝用营养土包扎竹枝基部，待发芽抽枝生根后，用锯锯下竹枝，育成竹苗。

1. 枝条选择　母竹选择以1～3年生、胸径3～8厘米为佳;胸径5厘米以上的母竹必须进行封顶处理,有利于消除顶端优势,促进侧芽健壮生长。选择健康、无病虫害的枝条进行压条;要求枝茎粗度为0.6厘米以上,若枝条基部的枝箨已松动,应用手剥去,枝条长超过40厘米,达到木质化时留2～3节,去梢。砍去顶梢,剪掉全部侧枝,顶部2节枝条不修剪,不包扎,仅留中央主枝,从基部第一节(或从枝芽上方2厘米处)剪去枝梢,竹壁厚的枝条保水性强,输送养分充足,幼枝易成活。

2. 营养土的配制　营养土应选择具有团粒结构良好的腐殖土。营养土配方可用椰糠+吲哚乙酸+普钙(3%～5%);或用按5份耕作土、3份锯木糠、2份腐熟有机肥充分混合,添加适量磷肥,如加1%～2%磷酸二氢钾。营养土要用灭菌灵进行灭菌杀虫。营养土混匀后,加清水保持营养土含水量达饱和含水量的60%～80%,随时观察营养土的水分情况,若发现失水,应立即补充水分并封好农用薄膜。

3. 压条　用0.4～0.6毫米厚农用薄膜剪成30厘米×30厘米或40厘米×40厘米大小,每块农用薄膜包营养土300～500克,用编织带将营养土包扎于枝蔸上,包扎紧,确保不透风、不透气。平均每株母竹压条10节左右,超过10节,虽高产,但不能保证优质。

4. 护苗　压条20～25天后,用小刀将农膜开个小口,让芽伸出农膜生长。15～30天后,枝蔸部的根原基分化形成初生根;40～50天后,芽生长30厘米以上,压条苗封顶,留2～3节,以促进生根,抑制顶端优势,促进侧枝生长,生根率达80%。若不封顶,生根率只有60%。50天后,根系形成,长度5～10厘米,有二级侧根,根系变为浅黄色,半木质化。幼苗产生15～20条根较易成活,枝条充分木质化,可从枝蔸基部处，用钢锯锯下压条苗，不伤及枝蔸和营养土，用带子包扎好枝蔸，确保根系与营养土不分离，被锯过的伤口部分用泥浆涂一下，防止伤流过度，以提高育苗成活率。竹苗取下后，在遮光度为75%～85%的条件下去除农用薄膜，装袋或种于苗圃假植，30～50天后，待有新叶产生、新根生成后即可上山种植。若炼苗到产生新笋后上山种植则效果更佳。试验表明，麻竹空中压条育苗成活率远远高于枝条扦插育苗的成活率。

5. 高位压枝竹苗培育方法的优点

(1)耗材少　因枝条不脱离母体(竹秆)，可由母体源源不断地供给水分和营养，故生根率较高，即使当年不能生根，也不影响诱发生根枝条的正常生长，可供翌年再用。苗圃地栽植时枝条已长出根系，最大限度地提高了栽植成活率和成苗率。

(2)占地少，起苗方便　苗圃栽植株行距一般为40厘米×50厘米，按80%的栽植成活率(成苗率)计，每667平方米产苗量为2 600株左右，而埋秆法育苗量只能达到700株左右。高位压枝竹苗培育方法占地只相当于埋竹秆、埋竹节法的26%左右，极大地提高了苗圃地利用率，降低了起苗费用。

(3)育苗成本降低　高位压枝竹苗培育方法生根率高，成活率高，1年生苗木可出圃定植达90%以上，种植当年即可萌发新笋3～4个，直径可达2.7～3.1厘米，大大降低了育苗成本。据云南师范大学竹类研究所试验，运用传统的埋竹秆、埋竹节育苗法，甜龙竹育苗成本一般每株为7～8元。在海南省采用高位压枝竹苗培育方法育苗每株只需3～4元，育苗成本降低50%。苗木出圃定植时间较为灵活，尤其是营养袋育苗，这一优势更为明显。

第二节　竹园建设技术

一、林地开垦

(一)选地　甜竹笋对水分和土壤要求较高,适宜在冲积平原、溪流沿岸、塘边和房前屋后种植,不宜在高山上种植。这是由于甜竹笋的根系一般分布较浅,耐旱力弱,只能适应含水量较高的土壤。因此,宜选择排水良好、土层深厚、肥沃疏松的沙土、沙壤土等土壤,黏土不适宜栽植。若在肥力较差的山地丘陵种植,要加土加肥,改良土壤,盐碱土不利于竹笋生长。在笋芽萌动期间,当新笋重量尚不超过100克时,如遇洪水浸淹(不超过3天),对竹园不但无害,还有沉积肥土的好处,洪水退后笋芽仍能继续生长发育。反之,当笋芽萌发,新笋重量已超过100克时,因笋芽呼吸较旺盛,若浸淹时间3天以上,大多数笋芽闷死腐烂。因此,必须慎选竹园的地点。园地选好以后,即可整地。根据不同地形、地势和生育环境来决定整地方法。一般平缓之地,可全面开垦,翻耕深度约30厘米。缓坡地带按地形开垦水平梯田。如果地形复杂,可在各预定栽植点开垦,单株栽植。

高产竹园土质的选择:选择土层深厚,一般土层要求40厘米以上,土质疏松、肥沃、富含腐殖质的平地或缓坡地进行栽种。集中成片种植,成片面积在3公顷以上,以便经营管理,产生规模效益。

(二)开垦　用于种植甜竹笋的地,可以是未开垦的地或荒地,也可以是种植过果树的园地或林地。不论是哪种地,种植甜竹笋前均必须进行竹园开垦。

竹园开垦可为甜竹笋种植后速生高产创造良好的立地环境条件。首先是土壤资源的保护和培育，要尽量保留和利用好表土，清除杂树树头、树根、石块等；修好水土保持工程，防止水土流失，便于田间管理，修建好田间道路以及竹园防护等设施。

甜竹笋宜林地进行竹园开垦时，为保证开垦竹园的质量，通常都采用全垦方式。用林地作竹园，一般在较平缓的土地上，应尽可能采用作业机具开垦竹园。竹园建设的作业程序是：清地—犁地—整地—定标—修梯田—挖穴—施基肥—回表土—定植。

常用开垦竹园的作业机具有：推树机、拔树机、推土机、搂根机、梯田修筑机、开沟犁、挖穴机、单铧犁和一般的犁耙等。

推树机是由推树和挖根装置组成，可装在马力较小的拖拉机上使用。拔树机则只能拔胸径 25 厘米以下的树木时使用。推土机用来推倒树木时要对推土板略加改进，在推土板上方焊上楔树齿，以防止推土板滑动、损伤木材和无力推倒树木。用功率 73.5 千瓦的推土机推倒树木，效果很好。采用作业机具推倒树木时，树木不必经过修整，可借助庞大树冠的重力，帮助倒树作业顺利进行。整个林段倒树的方向要一致，在坡地则将树木倒向坡下为好。

机械犁地前应将园地内未推倒和未清除的大树或树根用炸药爆破，在大石块露出处做上标志。第一次犁地最好用单铧犁或双铧犁进行，犁深 30～50 厘米，犁翻后用搂根机将树根、草根收集后清除干净，再用三铧犁或五铧犁犁翻后，用重型耙耙 1～2 次。犁耙时拖拉机应沿着等高线方向行驶，禁止顺坡犁翻，以保持水土。

用农作地或水果园地建竹园，竹园开垦可以用人工进行。

人工开垦竹园投资较少，但劳动强度较大，且短期内要集中较多的劳动力。人工清除杂木林时，可将地上部分砍、烧、清后，直接进入定标、修梯田、挖穴。由于树桩、树根没有清除，拖拉机和人力都无法犁耙土地。烧除杂木时要先开设好防火道，以防火势蔓延到其他土地和作物上去。砍除杂木时要将树木枝叶砍断砍细碎，才能保证燃烧的质量。

人工开垦竹园和机械开垦竹园过程中，对大树、树根、石块进行爆炸清除和爆炸挖定植穴，是较省工的方法。犁耙以后，即可定标、挖穴、修梯田，并可以同时种植覆盖作物或间作物。

二、竹园定标

定标是指按种植甜竹笋的形式、密度和规格，在竹园地段内具体地定出种植穴位置的工作。在3°以下的平缓坡地上可采用“十”字定标法，在3°以上的坡地、丘陵地要采用等高定标法。

(一)“十”字定标法 此方法定出的植竹穴位是呈棋盘状“十”字交叉，见图3-1。

定标时，沿竹园地段的长边先定出两条平行园边的基线，两条基线间的距离是行距的倍数，如行距为4米，则两基线间的距离应为8米、12米、16米等。在基线上按株距定出基线上的植竹穴位，再选这两条基线上的相似的植竹穴位拉线，按行距定出各植竹穴位的行，最后在每一行上拉线定出各个植竹穴，如此完成全园地的定标工作。在竹园地段不规则时，则从地形规则的一边做起，再到不规则的一边。

有防护林带的地段，竹园地段边缘的一行竹子应与防护林保持一定的距离，以免竹子的生长和产笋受到防护林的影响，一般要离林带边7米左右为好。“十”字定标法常用罗盘仪、测量绳子、皮尺、标杆等进行定标。

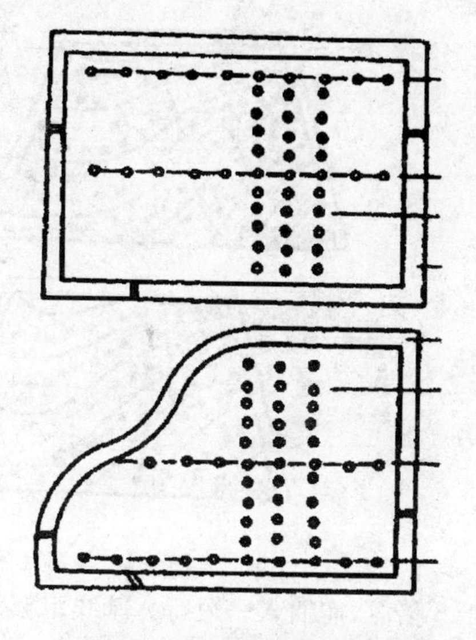

图3-1 “十”字定标法

(二)等高定标法

坡度大于3°的竹园地段，要按等高水平修筑梯田、环山行等水土保持工程。在同一竹园地段内，地面坡度往往是不一致的，由于地面坡度的变化，等高的梯田面在坡度小的地方相距远，在坡度大的地方相距近，有时两级梯田的植竹穴行距太近，不得不断行，而有时两级梯田的植竹穴行距太远，需要补插入一短行，才能保持种植密度。梯田的断行多，也造成梯田不贯通，竹园地段内林相不整齐，田间管理不方便，土地利用不经济。所以在定标时要采用科学的等高定标方法，使每一条梯田能贯通全坡面，又保持适宜的种植株行距。等高定标法有基线定标法和基点定标法，见图3-2。

1. 基线定标法　在竹园地段内选坡度有代表性的地方，从上坡向坡下边定出一条基线，在基线上按规定行距的水平距离定出每一行的“行点”，从这一“行点”开始沿着水平等高线方向左右延伸，定出每一个植竹穴位。当上下两行的距离小于行距的1倍时，要中断一行；上下两行的距离大于行距的

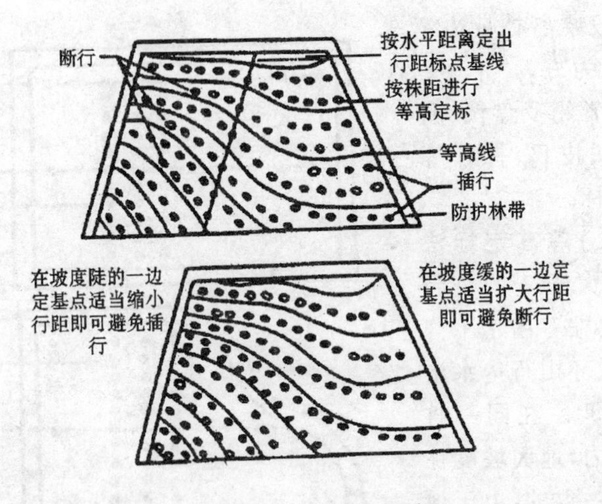

图 3-2　等高定标法

1.5 倍时,需插入一短行。基线定标法简单易掌握,但不可避免地会出现断行或插入行,见图 3-2 上图。

2. *基点定标法*　它是由基线定标法发展而来的,但不定出基线,只有每一植竹行的基点见图 3-2 下图。做法是:先在竹园地段内较宽广的地方沿着等高水平方向定出第一条植竹行,以这一条植竹行作为基准(基线),依地形变化情况,参照规定行距,找出上一行的植竹行的一个基点,再找出基线下边一行的植竹行的一个基点,这一基点距基线(即第一条植竹带)的实际距离可能比规定行距宽或窄,依当地坡度及上下两行间坡度变化而定。由这一基点开始,沿着等高水平方向定出该行,如此不断延伸,直至全竹园地段定标完毕。

为了能选择较准确的基点,通常按下列公式计算找出定标起点行距:

$$\text{定标起点行距}=\text{设计行距}\times\frac{\text{标准坡度}}{\text{定标起点坡度}}$$

$$林段坡度=最小坡度+\frac{最大坡度与一最小坡度}{3}$$

在坡度变化很大、地形零碎的地方，等高定标时仍然不能避免出现断行和插入行。对此，可以通过调节种植密度、株行距的办法来补救，即拉开株距减少断行，缩小株距以减少插入行。总之，以力求各行贯通而连接。

等高定标时需要有测定水准的器械才能保证达到等高水平。常用的仪器有水准仪、手持水准仪、望筒、测度仪、人字水平架、水平标尺等。

定标后，在3°以下的竹园地段，可直接挖穴。在3°以上坡度的竹园地段，要先修好梯田、环山行等水土保持工程后才挖穴，或两者同时结合进行。

在丘陵山坡地种植甜竹笋，为了保护植被，防止水土流失，减少成本，可大力推广鱼鳞坑单丛种植。甜竹笋的栽植密度可按不同竹种而定，一般株行距4米×5米，每667平方米种植33丛，要挖大穴，穴规格(长×宽×高)0.8米×0.7米×0.6米。在平地或平缓坡地，株行距为4米×4米，每667平方米可定植42丛，山坡地栽植株数应减少。如为了争取早日成林，株行距可缩小至2.6米×3米，每667平方米种植株数增至70丛。

三、修建梯田和环山行

(一)梯田和环山行的效应 一般情况下，甜竹笋的须根都是分布在地面下5～35厘米的土层范围内，因而平缓坡地最好全园开垦，翻耕的深度为30厘米左右；山坡地可按地形开垦等高梯田，台面宽2～3米，并留好草带。为了减少水土流失，节省劳力，整地时间为11月份至翌年1月份。坡度小于15°的进行全面整地，除去杂草、树根、大的石砾，进行全面深翻，深度为25～30厘米。坡度在15°～25°之间的坡地，可沿山体等高线进行带状整地，深翻为25～30厘米，带宽1～2米。坡度在25°以上的坡地可进行块状整地。

热带地区雨量充沛，降雨集中，生物活动频繁，植物生长旺盛，发育快。我国华南地区每年5～10月份是雨季。雨季的降雨量占年降雨量的80%～90%，而且一次降雨量很大。据记录，最大暴雨时，日降雨量达750毫米。大暴雨常会引起土壤冲刷，特别是竹林地以坡地为主，易造成水土流失，有的竹园还建立在15°～20°的坡地上，水土流失量将更大。水土流失是引起地力衰退的严重问题。据在海南省儋州市的黏壤土上测定，在坡度为5°左右的裸露地上，每次降雨量达100毫米时，每公顷产生径流483立方米，泥沙冲刷量达8 870千克。广东省国营火星农场于1957～1958年测定，在植被较差的丘陵地上，全年每公顷土壤流失量达42吨，即冲刷走2～3厘米厚的土层。因此，开垦竹林地时，首先要求修筑各种形式的水土保持工程以防止水土流失。水土保持工程主要有梯田和环山行。梯田和环山行的效应主要有以下2点。

1. 减少水土流失　防止土壤冲刷，主要是防止较肥沃表土的流失，因为土中除泥沙外，还有大量的养分，冲刷严重的地区，土壤肥力衰退是极其严重的。水土保持工程必须按等高线走向，水平修筑。修筑时要尽量保留表土。

各种水土保持工程都具有拦蓄雨水、减少径流的作用，能不同程度地减少土壤流失。据中国热带农业科学院与海南省国营阳江农场合作试验（1964～1965年），修筑水平梯田后，泥沙冲刷量每公顷仅为3.75立方米，不修梯田区为198.15立方米。修环山行的土壤冲刷量为不修梯田区的1/15。

2. 增加土壤含水量　水土保持工程能防止水土流失，拦蓄雨水，减少径流，即起保土、保水、保肥和护根的作用，为甜竹笋的生长、产笋保持较好的肥沃土壤条件，促进甜竹笋的生长和提高鲜笋的产量。修建1次能维持3～5年。

水土保持工程能有效地拦蓄雨水，从而增加渗入土壤的水量，增加土壤的含水量，修筑有水土保持工程的土壤含水量比不修的高，0～20厘米的表层土壤含水量比自然坡地要高40%左右。即使40～60厘米的底层土壤的土壤含水量亦比较高。

(二)梯田和环山行的建设　竹园内水土保持工程的形式很多，如有小平台、小梯田、大梯田、沟埂梯田、环山行等，因其形式、宽度而得名，统称为梯田。几种类型的水土保持工程的形式见图3-3。

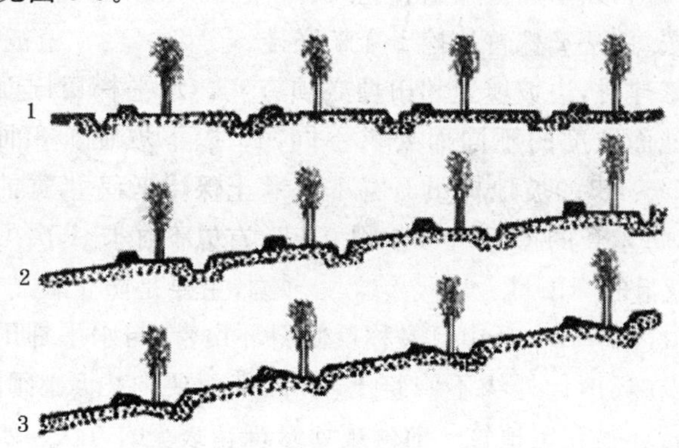

图3-3　水土保持形式示意图

1. 沟埂梯田　2. 水平梯田　3. 环山行

1. 沟埂梯田　沟埂梯田主要在3°以下平缓的竹园地上修建，采用“十”字定标法。修建是在竹子定植后进行。修建时在离竹丛2～3米处，平行于竹丛的行，沿等高线方向，挖深、宽各40～50厘米的壕沟，长1～3株竹丛的株距，把挖出的土堆放在离壕沟20厘米的上方，筑成土埂，夯实。沟是不贯通的，壕沟与壕沟之间留50厘米宽的土埂，使沟成"盲沟"，以便于蓄水。沟内施入优质堆肥和盖草压青，起到改土作用。土埂是连贯的，梯田面倾斜时，要隔一定距离筑一条横土埂以拦截径流。

2. 水平梯田　水平梯田主要在3°以上的园地上修建。在这种坡度上竹丛是等高种植的。梯田在竹子定植前就修筑，竹子种在梯田面上。修筑时劈山挖土，把坡上的土填在下方，梯田面要求水平或略向内倾斜，在梯田面的外缘要筑1条底宽60厘米、面宽30厘米、高约30厘米的土埂，在梯田内壁则挖盲沟，以增加蓄水量和施入肥料达到改土的目的，"盲沟"长度按每1～2株竹丛挖1个来安排。

修建时，边坡填土和田埂必须夯实。水平梯田田面宽度则因地面坡度的不同而要求不同，15°以下坡地梯田面宽2米，15°～25°的坡地梯田面宽1.5米。据计算，2米宽的水平梯田，每米长的梯田约可蓄积0.37立方米雨水，1次可拦蓄100毫米的降雨量。

3. 环山行　环山行又称反倾斜环山带，与水平梯田不同的是，在环山行外缘不修筑土埂，但带面要向内反倾斜15°。环山行亦是在定植竹子前就规划修筑。修筑的方法与水平梯田相同。在环山行带面内侧隔一定距离（3～5株竹丛），保留一小土埂，土埂高30～50厘米，以拦蓄雨水和限制水的横向流动。

环山行面宽及修筑的要求与水平梯田相同。据计算，每米面宽2米的环山行可蓄雨水0.45立方米，1次可拦蓄120

毫米的降雨量。在有石块的林段中，修筑环山行和水平梯田时，可用石块垒砌梯田外缘外壁，以提高环山行、梯田的质量，经久耐用。

4. 作业方法

(1)人工作业　修梯田或环山行、挖穴、回表土填穴 3 项作业可同时结合进行，以减少工序，节省劳力，并保证质量。如若先挖穴，后修梯田，竹穴常常达不到深度要求。

操作时，先在植竹穴位修筑合乎规格的梯田或环山行带面，修筑时把表土留出放于带面上，之后在带面上挖穴，将挖出的土填在梯田的外侧，修整梯田面和穴位深度以达到规定的要求。之后把先挖出的表土填入刚挖好的植竹穴中，填满并堆成一小堆为止，然后继续向前修筑梯田或环山行，循序前进，直至挖穴完毕。

操作中要注意：一是梯田、环山行外缘填土时要边填土边踏实，梯田埂要夯实。二是向穴中回表土时要打散土块，拣去树根、草根、石块等。三是环山行带面上每 3～5 株的植竹穴，要在带面内壁保留一小土埂，高度比内壁挖土面高出 1/2，以起拦阻雨水、防止径流的作用。

这种连续结合作业，由于挖穴后立即回穴填表土，不能提前将穴内土壤熟化，还会漏掉施基肥，而影响竹子生长。所以，在土壤瘠薄的地方要事先准备好肥料，或将表土堆放在植竹穴旁边，隔一段时间后再回土。

(2)机械作业　机械作业时是用推土机或梯田修筑机先修出梯田、环山行等水土保持工程，然后用挖穴机挖穴。

用机械修筑梯田时，表土会被填到梯田、环山行的外侧，而梯田面常常仅留下心土底土，所以要做好基肥的施用，或在梯田内侧用深沟犁开沟后，再将坡上表土用犁翻进深沟去填满以种竹，而不再挖穴。

用机械修筑梯田、环山行时，不必标出每一个植竹穴位，仅需标出梯田、环山行的植穴带面位置即可，待机械修好梯田后再在梯田面上标出植竹穴位置。

第三节　种植技术

一、选地整地

麻竹过去大部分种植在水沟边、溪渠边、山脚及村前屋后的地，零星分散，不便于科学管理，产量较低。为达到高产、优质、高效的目的，在新开发竹笋基地时，应选择交通便捷、土壤微酸（pH 值 4.5～6.2）、土层深厚肥沃的赤红壤连片旱地或缓坡地进行规划建园，连片种植。竹园交通方便，有利于统一实施栽培管理技术，并使鲜笋及时投放市场或进行加工，避免鲜笋滞留时间过长而变味变质。

绿竹可成片集约化栽培，也可零星种植。由于绿竹生长的特殊性，使土壤疏松、深厚显得特别重要，宜选择在海拔500 米以下、阳光充足的地方，土壤疏松肥沃、土层深厚、排水方便的河塘岸边、丘陵山脚或房屋前后作为竹园地。土质以富含腐殖质的酸性至中性沙壤土、沙质土、红壤或黄红壤地为宜，尤其以江河两岸边的冲积土为佳，其他土壤也可栽植，但黏土地不宜种植。在平地、缓坡山地上种植，应全面整地，改善土壤性能；无法全面整地的，也应进行带状或块状整地，提前整地挖穴。

甜龙竹适宜选疏松、深厚、肥沃、湿润的平地或缓坡地进行栽种。最好集中成片种植，成片面积在 3 公顷以上，以便经营管理，产生规模效益。选好园地后进行定标及整地。整地时间为11月至翌年1月份，整地方式要求全面翻垦或带状翻垦，清除园地上所有杂草灌木，进行全面整地（平坡地形）或反坡梯田整地（缓坡地形），然后结合株行距修建梯田或环山行和挖穴。

应根据地形、地势全面整地，隔45米搞好道路建设、配套排灌系统。要求翻垦深25～30厘米，整地时施基肥，每667平方米施有机肥2～3吨，混拌过磷酸钙100千克，翻耕入土中。在缓坡山地于秋冬季节采用反坡梯田整地，反坡梯田宽3～4米，破土面向内倾斜，内倾斜3°左右，清除较大石块、树根和草根。冬季按种植规格精细整地，翻土20～30厘米，把表土及草皮泥翻入底层，创造良好的土壤、水、肥、气、热条件。待绿肥等有机肥腐熟后，选择在春季种植，这样有利于麻竹根系生长，促其早生快发。

二、合理密植

麻竹笋基地要十分注意种植规格，只有合理密植，才能夺取单位面积的高产。目前麻竹一般每667平方米栽植33～42丛，丰产笋用林大多采用4米×4米的规格种植，并根据旱地、山坡地的地形地势作适当调整。一般平地或平缓坡地栽植，株行距可采用3米×4米或4米×4米，按此要求每667平方米应栽植40～50株，但山坡地应把植株数减少。为争取早日成林投产，每667平方米可栽植多达67株左右，株行距为2.6米×3米。定植前半个月左右做好整地挖穴，穴规格为：穴面的长和宽均为60厘米，深50厘米。穴挖好后让阳光暴晒半个月左右，回填表土到穴底层，并施足基肥，基肥以迟效饼肥为好，每穴施入菜籽饼肥约1千克，或复合肥或磷肥0.5千克，或每穴再施入有机肥50～100千克，并与表土混合均匀，经过1周左右进行定植，注意穴内不可置入未经腐熟的农家肥。

绿竹一般按 4～5 米株距进行挖穴，一般每 667 平方米栽植 33～35 丛。挖穴长、宽各 1 米，深 0.8～1 米，表土心土分开，土垡打碎，石块、树根、草根拣净，让阳光暴晒 1～2 个月，使土壤充分熟化。在路旁、河边则按 4～5 米株行距直接挖穴，规格 60 厘米×50 厘米×50 厘米，表土心土分开放，让阳光暴晒，使土壤充分熟化。栽前 15～30 天回填表土，回填表土到穴深度的 3/4，每穴施用 20 千克塘泥或腐熟厩肥，并与土壤混拌，作为基肥，表土在下，底土在上。回表土时每穴追加腐熟有机肥 20～25 千克，复合肥 500 克，与土拌匀。

甜龙竹栽植密度为每 667 平方米种植 33～55 丛，株行距 3～4 米×4～5 米。种植的合理密度是每 667 平方米为 42 丛，株行距 4 米×4 米。过密则立竹互相挤压，林内通风和日照条件差，地面湿度低，病虫害严重，产笋率低，成竹质量差，易出现退笋；过稀则杂草丛生，增加抚育管理工作，母竹数量少，单位面积上产笋量低。据调查，每 667 平方米 20～24 丛，母竹数量为 160～227 株，母竹质量好，产笋个体大，数量多，产量为 1.1～2 吨。每 667 平方米 6～12 丛，母竹数量为48～120 株，母竹质量一般，产笋偏低，产量仅 0.5～0.83 吨。密度过大，每 667 平方米为 30～40 丛，母竹数量为 300～480 株，则母竹质量差，小老竹、畸形的竹子占 30%～50%，退笋 40%，产笋量仅 0.24～0.45 吨，单笋个体小，质量差。

三、栽　植

栽植宜选种优质壮苗。甜竹笋优质壮苗主要有经苗圃培育后的带蔸母竹苗、竹秆苗和竹枝苗。苗圃竹苗具有根系发达，材料来源广，苗量多，繁殖量大，生长快，成本低，成活率高，出圃快，运输方便，又不影响当年竹笋产量的优势，适合于大面积种植培育优质竹苗。也有直接从高产竹园中选取优质母竹为种苗；在种源丰富的地区，也有直接用有根点明显和有饱满芽眼的竹枝栽植。

（一）带蔸母竹苗移栽　带蔸苗选用充分木质化、根系发达的7～12个月生的母竹作为竹苗。母竹苗挖掘时扒开母竹蔸的表土，找出竹苗与老竹秆基的连接点，用利刀将其切断（注意防止撕裂秆柄和秆基），连竹蔸带土挖起，挖掘过程中不要损伤秆基的笋芽，少伤根，根系要尽量保留，并在离基部40～50厘米处，笋苗竹秆3～5节的节间用刀斜劈去竹秆，以减少水分蒸发，有利于成活。在秆柄连接秆基处用刀切断时，特别要防止秆柄撕裂和芽眼损伤。竹蔸应多留宿土和支根，须根应尽量保留。母竹苗挖取后再进行根部处理，即蘸上拌有3%过磷酸钙的黄泥浆。

栽植时间应选在2～3月间的阴天或小雨天，栽植前10天，竹穴底层施基肥，基肥须与土拌匀。栽植时母竹苗移入施好基肥并已回填表土的穴内，使竹蔸上秆基两侧的大型笋芽向着两侧土壤，芽眼水平放置，并以自然生长状态的25°～30°角斜放，竹秆应向正面斜放，切口向上，以便承接和贮存雨水。栽植时竹秆不要反面斜放或直立栽植，因为顺向斜放种竹根系自然舒展，秆基两侧芽处于水平位置，侧芽发笋长成新竹的间距大些，有利于成活。竹苗放好后即填土，母竹苗栽植深度30～40厘米，覆土高于原母竹苗入土深度痕迹5～10厘米，母竹苗上端应有5～6节露出表土，竹蔸周围用疏松的土壤覆盖压实，培土成馒头形，并盖草保湿。带土苗定植时分层填土分层踏实，后盖一层松土呈馒头形以保墒。裸根苗要按“三埋二踏一提苗”的技术要求栽种，保证“苗正、根舒、踏实”。栽后浇足定根水，天旱时应再次浇水。

移栽母竹定植是竹农传统栽培的方法。移蔸定植成活率最高，且成林快。竹秆切口要向上并灌满水或泥浆，并用塑料薄膜或稻草包扎，以免干枯，栽后最初 7～10 天内，若天气干燥，要及时浇水，并盖草保湿。此后如遇久旱，要及时浇水，可每隔 5～6 天浇水 1 次。若不能及时栽植或需要运输，要用黄心土加拌磷酸二氢钾的黄泥浆蘸竹蔸并用草捆扎，放置在阴凉避风处。母竹苗运到后要及时栽植。

带蔸母竹苗栽植掌握好主要技术，一般成活率都较高，且产笋多而大。但因需挖取母竹苗，用工多，运输困难，且受种源限制，成本较高，不适于大面积栽植。

移蔸母竹苗和扦插苗适宜在立春至惊蛰期间栽植，一般种植成活率可比春分过后种植提高 7～8 个百分点。在栽植上应把好“三关”：一是栽植关。移蔸母竹苗栽植应注意将马蹄形切口向上，竹秆正面斜放，使母竹苗根系在穴位中自然舒展，秆基的两列芽眼倾向水平位置；扦插竹苗宜带土和适当深栽，做到根系舒展；埋秆苗以 45°角斜插，并使刀口向下，入土 2～3 节。二是覆土关。将竹苗移入穴中后，覆土踩实，培土成馒头形，以防积水。三是浇水关。栽植当天遇晴天或阴天应浇透水，使地下部分与土壤紧密结合，防止水分蒸发。选种移蔸母竹苗，用 1 年生母竹移栽后易成活，产笋率高、成林快。

(二)竹秆苗移栽 埋秆培育的竹苗，种苗应选择生长健壮、枝叶繁茂、无病虫害、芽眼肥壮、须根发达、胸径 2.5～3.5 厘米的 1～2 年生培育的竹苗。竹苗留 2～3 盘枝，剪去部分秆，起苗时先扒开作为竹苗秆基周围的土壤，找到锯口(或砍口)，用锄头或砍刀劈断竹秆，然后在距竹苗 15 厘米处开沟，深 20～30 厘米，再用锄头从苗的另一侧挖数下即可起苗。

栽植时间在春季后期或秋季较好，应选阴天或小雨天，栽植前竹穴底层施基肥，并与表土拌匀。栽植时竹秆苗移入填回表土的穴内，使竹秆基两侧的芽眼水平放置，并以自然生长状态的 30°～45°角斜放栽植。竹秆正面斜放，切口向上，以便承接和贮存雨水，栽植时竹秆不要反面斜放或直立栽植。竹苗放好后即填土、栽植深度 25～30 厘米，覆土高于原母竹苗入土深度痕迹约 5 厘米，竹苗上端应有 3～4 节露出表土，培土成馒头形，并盖草保湿。带土苗定植时分层填土分层踏实，浇足定根水。

（三）竹枝苗移栽　利用苗床进行育苗的竹枝育苗移栽，起苗时应剪去所有叶片和大部分枝条，竹苗留高 60～100 厘米，将竹苗成丛挖起，带土 1～2 千克，每 10～20 丛竹苗用编织袋包扎运输。若未带土，应用稀泥浆蘸根以防根系失水，确保竹苗成活。

高位压枝竹苗栽植，苗木出圃定植时间较为灵活，只要温度和水分条件适宜，全年均可栽植，尤其是营养袋育苗，成活率高，1 年生苗木可出圃定植，成活率达 90％以上，种植当年即可萌发新笋 3～4 个，直径可达 2.7～3.1 厘米。

竹枝苗移栽，栽植深度 20～25 厘米，覆土高于原母竹苗入土深度痕迹 3～5 厘米；若是袋装苗，栽植时覆土高于原袋装苗入土深度痕迹 3～5 厘米为宜，培土成馒头形，并盖草保湿，苗定植时保存好袋装土，填土分层踏实，浇足定根水。

栽植季节可在春季或秋季。在春雨连绵的地方或有灌溉条件的地方于早春 2～3 月份竹子处于休眠状态下栽种，当年栽种当年即可成林。春季干旱又无灌溉条件的地方于雨季初期，竹子未长笋前的 5～6 月份栽种，也可在出笋末期气温较高阴雨天较多的 9 月份栽植。竹苗栽植后，应加强培育管理，如遇春旱，每隔 3～7 天浇水 1 次。栽植后 1 个月，萌发新芽，生长新根，应每隔 10～15 天浇施稀粪水 1 次，或用 1%尿素浇灌，促进笋芽生长。同时，经常进行中耕除草，到夏至至大暑间新竹每株能发新笋 1～3 根，最初发笋较小，留 1～2 根作为母竹。如果萌发的笋芽肥大，亦可采收，直至立秋停止施肥。5～6 月份进行栽植的竹苗，成活后当年 80%以上的竹丛即可发笋。第二年发笋 1～2 次，竹笋粗可达 3～5 厘米，高 4～6 米，每丛 4～10 株；第三年发笋 1～2 次，竹园进入初产期；第四年基本成竹成林，开始进入高产阶段，每 667 平方米产笋 1～1.5 吨，少数达 2 吨。

(四)枝条扦插栽植　生长茂盛的甜竹笋，主枝发达，粗 1～3 厘米时，枝蔸如同竹蔸，生长有 3～4 个笋芽和许多根原基，犹如缩小了的母竹，可以用来直接栽植。枝条扦插栽植，选择枝条是一个主要环节，应选枝条粗壮、鲜绿、竹枝生长1～1.5 年，枝条根点明显，芽饱满，无病虫害的健壮主枝。取枝条时不能伤着枝蔸，不能暴晒。若经长途运输，应用流水浸泡 3～12 小时，使其恢复活力。每穴成“品”字形斜插竹苗 3 根，深度为 8～12 厘米，踏实，盖一层松土，留一节露土、盖草以防日晒。一般于 5～6 月份雨季来临时扦插，当年有20%～40%的竹苗可抽笋，翌年全部竹苗抽笋成丛。若在 2～3 月份扦插，应深挖穴，低扦插，植苗穴位比地表面低 10～25 厘米，栽植后每株浇水 50～80 升，盖草，种植在温度低的地区，穴上方搭小拱棚盖膜保温保湿，15～30 天竹枝发芽生根后视气温变化情况撤除农膜，扦插成活率可达 60%～80%，且省工省时，成本低，成林快。

第四节 竹园管理技术

甜竹笋高产栽培技术的关键环节主要包括苗期管理、幼林抚育、产笋期管理、合理施肥、科学割笋和选留母竹等。

一、苗期管理

(一)肥水管理 竹苗栽植后，视土壤情况和天气情况及时排灌水，竹园内竹苗周围的土壤湿度应保持在70%～80%。栽后1个月内，观察竹秆或枝条侧芽有无萌发。若萌发新芽，说明秆基、竹蔸已萌发新根，应每隔10～15天，薄施人粪尿1次。也可用1%尿素溶液浇灌，直至立秋后停止施用，以促进竹苗发笋生长。竹苗开始抽枝长叶后，即可进行叶面施肥，90天以后可进行地面施肥，以氮肥为主，由淡至浓，由轻至重，进入分蘖期后施肥以磷、钾肥为主，每667平方米可撒施20～40千克，并结合施肥进行田间管理，除去竹园内一切杂草，保证竹苗正常生长。及时除草、定期施肥、松土。在芽萌动出土之前，要及时浇水防旱、松土除草(避免触动母竹)。1周后枝芽开始萌动，1个月后笋芽陆续出土，2个月后苗高达60厘米、直径达1厘米时，开始生根。竹苗生根后，每隔10～15天定期施复合肥1次，每丛5～10克。7～9月份竹苗抽第二代笋，竹苗的茎粗是第一代的1.5～2倍。若水肥充足，并加强松土除草，则10～12月份仍能抽第三代笋，笋大小为第二代竹笋的1.5～2.5倍。翌年雨季第四、第五代的竹笋陆续长出，大小和高度已赶上或超过母竹。

(二)及时补植 母竹苗种植后，一般经30天左右，竹子枝条侧芽开始萌发，竹秆侧芽萌发抽枝，是母竹苗成活的标志。栽植的当年或翌年母竹苗可萌发生笋，否则应于第三年春挖去老母竹苗，重新补植。部分竹苗栽后，因天气干旱，带土过少以及台风等自然灾害的影响，会引起竹苗干枯死亡，此时应及时进行补植。如果竹叶枯黄或落叶，枝条色青并有芽，这是竹苗因调节内部水分平衡表现的“假死”现象，翌年会抽出新叶。落叶的竹苗，凡竹秆或枝条色青的应予保留，待确定死亡后再进行补植。

（三）竹苗技术管理 竹苗地面秆粗小于 0.6 厘米，苗高达 40 厘米时剪去顶部。竹苗地面秆粗 0.6～1 厘米，苗高达 60 厘米时，剪去顶部。地面秆粗大于 1 厘米，苗高达 80 厘米时剪去顶部，促进多出笋、多发苗，能使竹苗提早木质化，提高成活率，促进竹园早日成林。

竹苗栽植后至郁闭成林，要注意对竹林的保护，特别是当年种的竹子，应禁止牲畜入内，并有专人管护。如遇雨水冲刷，竹根露出或蔸露出要及时进行培土。竹子被风吹歪斜，要及时扶正或予以固定。在有台风的地区留养新竹后，应及时进行断梢，砍去 1/4 的竹梢，以减少水分蒸发，提高抗旱能力，促进竹林生长。此外，应十分注意病虫害防治，特别是食笋害虫和食叶害虫的防治。

一般栽植于当年夏至至大暑之间，母竹秆基上的笋芽发育成笋，选留头目、二目、三目上长出的竹笋 2～3 个，培育成新的母竹。须注意，如遇久旱，应勤加灌溉，帮助竹笋生长，这是当年管理上的关键。此外，在生长期间，应及时中耕除草，使土壤疏松，并培土和盖上 1 米见方的绿草肥，以利于新竹生长。第二年，每株新母竹秆基上的笋芽，又可长出 2～3 个笋，选留头目、二目上萌发的健壮的笋 1～2 个，培育为第二次新母竹。早春为提高发笋，可在竹丛的地面盖上黑色塑料薄膜以保温和增温，气温回升后，要掀开薄膜。

二、幼林抚育

(一)幼竹管理 幼林抚育主要是加强幼竹管护。未成活的母竹苗切勿摇动其竹秆，须严防人、畜损害。在幼竹成活阶段，由于栽种的竹子刚从苗圃或母竹林中分离出来，移植到新的环境中，竹子的根系受到很大的损伤，其生长发育的特点是吸收水肥能力较弱，生长缓慢，发笋的能力和抵抗不良环境能力也较弱，通过一段时间的适应和恢复，才能使伤口愈合，根系再生，从而使竹子吸收水肥的能力逐步增强，由贮存营养过渡到自根营养。因此，幼竹成活阶段的抚育管理措施，重点是如何保持竹子体内的水分平衡，使竹苗成活，恢复生机。移栽母竹苗定植后的当年，母竹苗忌晃动和干枯。因此，定植当年，竹林地要严禁牲畜入内放牧，以防踩断碰伤母竹苗。母竹苗应立柱固定，减轻风吹晃动，以免影响新根生长。

竹苗栽后，由于竹苗地下茎和根受到损伤，吸收水分的能力减弱，因此种植后的第一年，水分的管理显得尤为重要。栽后如长期干旱，土壤干燥，竹叶失水，必须及时进行浇水，并一次浇足，不宜少量多次。如无雨，应5～7天浇1次水，浇水后应用杂草、秸秆、稻草等进行覆盖，以减少水分蒸发，保持土壤的湿度。在多雨季节，平地、低洼、地下水位高的林地，则应开沟排水，以防林地积水烂根。在栽植后的第二、第三年，若遇干旱，也应进行浇水，浇水数量、时间应根据不同地区及干旱程度确定。在南方主要是7～9月份地下茎生长季节与出笋季节，要充分保证水分的供应，以促进地下茎生长。

(二)除草松土 新植竹园种植1个月后可生根，母竹苗开始发芽，萌发枝叶，当年就能长出2～4根新竹。刚种植的竹园密度较小，林内光照充足，容易孳生杂草，与竹苗争夺水分和养分，影响竹苗的生长，应及时除草。除草松土可以疏松土壤，促进地下茎的生长，加快成林速度。一般刚种植竹园每年应进行除草松土 2～3 次，可促进竹苗生长。除草松土第一次于 2 月份，以浅锄为好，并沟施土杂肥或厩肥；第二次于5～6 月份，宜深翻 25 厘米左右，将表土翻到底层，底土翻到表层，特别是地下茎的周围，宜深翻，并沟施或撒施尿素，以促进新地下茎向外围发展；第三次于 9～10 月份，在有地下茎部位、深 15 厘米左右，此时新地下茎生长成熟，开始笋芽分化，松土时应注意保护母竹苗地下茎和侧芽。在新地下茎未达到的外围，应进行深翻并沟施或撒施尿素加过磷酸钙，引导母竹苗地下茎向外发展，促进提早成林。每年松土除草，可与施肥结合进行，近竹丛处松土深度 10～15 厘米，远竹丛处松土深度 20～25 厘米。甜竹笋幼林抚育见表 3-1。

表 3-1　幼林抚育时间表

时　间	3～4 月份	5 月份	7 月份	9～10 月份
第一年	种植	锄草、扒土、培土	锄草、扒土、培土	锄草、扒土、培土
第二至第三年	扒土	锄草、扒土、培土	锄草、扒土、培土	锄草、扒土、培土

三、产笋期管理

甜竹笋林产笋期的抚育管理就是采取综合的科学技术措施，调整竹林结构，改善环境条件，使竹林获得丰产。竹林抚育管理的目的主要是提高竹林群体的光能利用率，可从 2 个方面着手：一是改善竹林生长的环境条件，主要为竹林生长创造良好的土、肥、水、气、光、热等条件；二是调整竹林结构，使之充分利用环境资源。竹林结构包括地上结构和地下结构两大部分，地上结构主要为竹数、年龄组成、叶面积指数和均匀度等指标；地下结构主要为地下茎的年龄结构、分布、有效茎、有效芽等。

（一）土质管理　不同的竹林结构对环境资源的利用不同，产品的数量和质量也不同。随着甜竹笋的成竹生长，地下茎和根越来越多，纵横交错，土壤逐渐板结，透气性能变差，影响地下茎及竹笋的生长。甜竹笋的林地管理主要有松土和加土等措施。

1. 松土　松土可以将表层的杂草、有机物翻入土中，使其腐烂，并将底土翻到表层，通过日晒、雨淋，使其分化，使矿质营养元素释放转变成有效成分，促进甜竹笋地下茎与地上各个系统的生长，提高竹笋的产量。深翻松土宜在新竹成林后进行，其他季节以不深翻松土为好。一般成林竹园每年 12 月份深翻松土 1 次，深度在 25～30 厘米。如果土壤已板结，影响竹林生长，配合施肥确实需要松土时，以浅翻土为好，不宜过深，并尽量保护好竹根。甜竹笋为浅根性植物，竹根密布地表，松土特别是深翻复垦时会对竹根造成一定程度的损伤。为保持疏松的土壤，除了松土以外，还应采取多施有机肥、加土等措施，改良土壤，使土壤疏松透气。锄草可根据杂草生长情况，1 年进行 1～2 次，不使杂草孳生。

2. 扒土　扒土的作用主要是让竹蔸上的笋芽露出土面，直接见光，刺激和促进笋芽萌发，促进提早发笋，同时也便于施肥。扒土是在 2 月底至 4 月上旬进行，扒开土时，用锄头或铁铲把竹丛周围的土自外向内将土扒开，边掀开，边检查分蘖位置，使笋蔸、竹蔸暴露，让阳光晒 20～30 天。在分蘖附近要仔细清除缠绕笋芽的须根，防止竹根结网，使笋芽能够正常发育。在扒土中尽量暴露所有含苞待放的笋芽,但应注意不要损伤笋芽和根系。扒开土暴晒后结合培土,进行根际施肥。疏松林地,覆盖青草结合挖老竹蔸、扒开土、改良土壤,增施土杂肥和塘泥,同时进行全面深翻土1次,深度20厘米左右,然后割青草覆盖竹丛蔸部,防止水分蒸发,有利于保留竹蔸,发笋成竹。

3. 培土　扒开土后的竹丛,竹笋露土后,直接受阳光作用下,笋箨变绿色,纤维老化、味苦。为提高竹笋产量和品质,必须进行培土。施春肥后,随着气温上升,笋芽慢慢生长,形成子笋,并有裂缝出现猪肝色的肉箨时,用细碎的潮湿土,进行培土。培土时将周围枯枝落叶连同湿土全部培到竹笋表面,培土的高度,应高出原竹笋土表面20～30厘米,覆盖笋芽,避免笋芽见光,防止竹笋老化,促使笋体充实,笋肉风味好,鲜嫩、纤维少,同时可培育大笋,提高产量。

4. 加土　加土是增加客土。在有条件的地方可每年加一些客土。加土可以增加土层厚度,改良土壤,控制地下茎在土层中的深度,以增加营养,提高竹笋产量。加土宜在11～12月份进行,可与施有机肥结合进行。加土要因地制宜,就地取材,用鱼塘泥和水沟泥等均可。一次加土以覆盖林地约5厘米厚为宜。黏性土宜加沙质土,沙质土宜加红壤等黏性土。

(二)水分管理　水是光合作用的原料,也是竹笋的主要组成部分。在鲜笋中,水分含量占90%左右。在缺水的情况下,竹子的光合作用和生物体内的代谢活动无法进行。特别是在笋芽分化期和竹笋生长期,缺水时竹子的生长将受到严重影响。在我国南方沿海一带,雨量充沛,降水量基本能满足甜竹笋林生长的需要,但也经常出现降水与甜竹笋需水脱节的现象。在8～9月份的笋芽分化期,干旱导致土壤中缺水,就会影响笋芽的分化,使翌年出笋数量减少,产量降低。在竹笋生长期，缺乏水分的竹笋出土缓慢，个体变小，鲜嫩度下降，退笋的数量增加。严重缺水的，会引起竹笋萎缩死亡。因此，出笋期间如果降水不足，土地干燥，应进行浇水灌溉。浇水量根据干旱程度确定，以浇透为宜。每 667 平方米浇水 8～10 吨。有条件的地方，可以进行灌溉。

甜竹笋喜欢湿润的土壤，但又怕涝，怕积水。如果久雨，降水过多，土壤积水，使土壤通气不良，缺乏空气，使地下茎和竹子根系的呼吸代谢不能正常进行，引起笋芽的窒息死亡，导致地下茎系统腐烂和死亡，对甜竹笋生产极为不利。在地下水位高的林地，一般竹子根系分布都较浅。雨季积水时，会使笋芽和根系死亡。在平原地区或农田种竹应开沟起垄，中间高两边低，降低地下水位。开沟的深浅、数量应根据土壤的性质和地形确定。土壤黏结、地下水位高的平地，宜多开深沟。沙性土壤或坡地竹林可少开沟或不开沟。

甜竹笋的出笋量和高生长以及幼竹生长量与空气和土壤水分密切相关。在阴坡坡下部和山谷，湿度大，土壤水分较多，其出笋量和高生长比阳坡、坡上部的多和快。夜间温度下降，竹子蒸腾作用和林地蒸发作用变小，湿度相应地增加，竹笋、幼竹的生长量夜间比白天大。因此，产笋期如久旱无雨，土壤干燥，应进行灌溉，增加土壤水分和空气湿度，以利于早出笋，多出笋。

（三）选留母竹　甜竹笋栽植后 3～4 年即可成林投产，为保证母竹有稳定的林分结构和密度结构，投产后需要合理留养母竹，每丛保留 1～3 年生的母竹 4～8 株。若初期留养母竹，消耗养分多，影响当年竹笋产量；后期留养母竹，成竹质量差，且冬季母竹梢部尚未老化，易受寒害。因此，应在产笋盛期出土的笋中选择生长健壮的竹笋，留养成新的母竹。所留的母竹尽可能呈梅花形，分布均匀，以利于提高产量和质量。选留母竹应选择中等大小、生长健壮、枝叶繁茂、无病虫害、秆基的节芽肥大充实、须根发达的1～2年生的竹子为母竹。这样的母竹产笋力强、成林快。1年生的甜竹笋，竹子处于幼龄生长阶段，枝、叶、根均未充分发育，水分多而干物质少，极少长笋。随着竹子的增长，同化器官和吸收系统逐渐完善，生理代谢活动增强，有机物逐渐积累，2年生竹子的产笋力最强，3年生次之，4年生基本上不发笋。因此，每年冬天要砍伐老竹，掌握原则是："去四留三调二"。即伐去4年生老竹，适当保留3年生竹子，调整2年生竹子。让竹园长期处于年龄结构合理、竹丛株数比较合理的群体结构。一般每丛每年留养更新母竹2～4株，及时伐去4年生老竹，并挖去老竹蔸。

(四)覆盖技术 竹园覆盖能保持土壤水分，减少土壤水分蒸发，使土壤含水量较高，减少土壤板结，调节土壤温度，为甜竹笋根系生长创造良好条件，提高产笋量。

1. *覆盖时间* 根据竹笋市场行情和需要，特别是要保证端午节以前供应鲜笋，选择在前1年的11月上旬进行覆盖。覆盖后要加强竹园管理，2月中下旬要翻耕竹园，除去根际结网、挖蔸(老竹头)、杂草，每667平方米施复合肥50千克，再施腐熟厩肥2000千克。做好抗旱、防治病虫害等工作。

2. *覆盖材料* 主要采用谷糠加锯末的覆盖模式，以4∶6比例，覆盖时浇透水，还可用纯谷糠、锯末覆盖。3种覆盖模式的覆盖厚度都在10～15厘米。覆盖后要注意控制湿度，覆盖后竹园内地温很快上升，应控制在20℃～28℃，以25℃最为适宜，低于20℃应加盖材料，高于30℃需降温，可减少和扒开覆盖材料。刘际建等关于绿竹林覆盖技术的应用报道，覆盖对出笋期的影响，处理比对照分别可提前10～15天产笋，覆盖的鲜笋重量平均每个达 0.45 千克，无覆盖的鲜笋重量平均每个 0.27 千克，增重近 1 倍，采用的 3 种覆盖模式对产量的影响都有效益。覆盖的鲜笋产量比对照增长 34％～56％，产值比对照增长 168％～219％，净收入比对照增长 172％～253％。其中，以“谷糠＋锯末”的覆盖模式，成本最低，经济效益最好。通过覆盖可提高土壤温度和湿度，提前出笋，增加竹笋产量和鲜笋产值。

（五）砍伐老竹和挖老蔸 甜竹笋林经长期采伐挖笋利用后，老残竹蔸露出土面，阻碍抽笋，竹林稀疏，每年长出的新竹夹在老竹蔸之间，竹根入土吸收水分养分少，竹子越来越细，产量逐渐下降。已发过笋的老竹，翌年不再出笋或少出笋，只会消耗养分，因此在秋末和冬季应将 4 年生以上竹子全部砍掉，4 年生的竹子砍伐 50％～70％，淘汰生长不良的 2～3 年生的竹子，保留 1 年生的竹子和 2～3 年生的健壮竹子。每 2 年应于冬季挖除老残竹蔸 1 次，深翻培土，重施有机肥，保持竹林长盛不衰。

四、合理施肥

（一）施用肥种 有机肥营养元素丰富，能保持和提高竹林土壤肥力及土壤生物活性，改善土壤结构。提倡使用经腐熟达到无公害要求的有机肥，控制使用未腐熟的人、畜粪肥、饼肥。使用无机（矿质）肥料、叶面肥料和微生物肥料等肥种，应不对环境和笋竹产生不良后果，商品肥的新型肥种必须通过国家有关部门登记认证及生产认可方可使用。因施肥造成土壤、水源污染或影响竹笋生长，产品达不到标准的要停止施用该肥料。

不同种类的肥料对新种的竹子产量都有明显促进作用，

其中以施肥总量对产量影响最大。在施用上，研究结果比较一致认为：有机肥与化肥相结合施用比单施有机肥或化肥增产效果好；而单施尿素，在出笋数量、成竹数和成竹率上均高于单施复合肥。

（二）施肥方法 施肥要视其笋芽生长情况，对尚未膨大、外皮黄褐色的笋芽，可采用泼浇施肥。若笋芽外皮已由黄褐色变成绿褐色，笋体膨大，施肥时要注意肥料与笋体保持一定距离。如直接施在笋体上，会阻滞笋芽生长，体型缩小，品质变粗劣。根据甜竹笋的年生长规律和可能吸收养分情况，生产上每年多次施肥更有科学性。

甜竹笋产笋期的施肥方法一般采用环状沟施，即沿着距竹蔸 40～50 厘米的竹丛周围开环形沟，沟深 10～15 厘米，沟长根据施肥量而定，施肥量大，沟长些，施肥量小，沟短些；施肥后覆土，以避免肥料受日晒或雨淋造成损失。

甜竹笋的施肥方法主要采用测土平衡配方施肥、根据产笋量施肥和竹子叶片营养诊断施肥。

竹桩内施肥是竹子特有的施肥方法。甜竹笋的老残竹蔸在林地需 8～10 年才能腐烂，严重影响出笋成竹，而竹桩内施肥方法即可解决这些问题。具体方法是：在成林中每丛竹子选择新伐竹桩 2～3 个，新伐竹桩的高度控制在 10 厘米以下，于春季枝芽萌动前将竹子的新伐竹桩的竹节隔中央打通，每一新伐竹桩灌入尿素 1 千克或易溶性复合肥 0.2～0.4 千克，食盐 20～30 克，用土封口。肥料有效期长达 2～3 年。此法与土壤施肥有同样效果，并具有省工省料、成本低、防止肥料流失、肥效期长以及促进新伐竹桩腐烂等优点。

（三）施用量 竹林施肥以氮肥最有效，而磷、钾肥的施用效果与土壤的氮素含量有关。当氮素含量较低时，施氮肥更有效，氮素含量较高时，施磷肥效果较好。并且增施氮肥，可使竹笋提前出土，笋期较长，而增施磷肥，则发笋推迟。

我国热带、亚热带地区，雨量较多，土壤淋溶和养分流失较严重，地力发展不平衡。人工成片栽培甜竹笋后，施肥数量要适当。根据土壤肥力，每年冬季休眠期每 667 平方米施用 60～100 千克堆肥或其他有机肥，与土壤混合后，覆于竹秆基部。一般每 667 平方米施用有机肥料不超过 2 700 千克，氮、磷、钾化肥或有机复合肥 67 千克左右，氮、磷、钾的施用比例为 3∶1∶2。

(四)施肥时间 1 年 4 次，每年春季产笋前于 2～3 月份施用有机肥、速效肥，每 667 平方米施用人粪尿或腐熟堆肥 200 千克，或有机复合肥 20 千克，环状沟施。5～6 月份每 667 平方米施用有机肥 0.67～1.33 吨，化肥或有机复合肥 13.3 千克；7～8 月份施发芽肥，每 667 平方米施化肥或有机复合肥 20 千克；9～10 月份施养竹肥，每 667 平方米施有机肥 0.67～1.33 吨，化肥或有机复合肥 13.3 千克，结合松土，环状沟施。

(五)幼林施肥 施肥是为了促进新植竹苗地下茎生长，提高出笋率和成竹率，加速新种竹子提早成林投产。幼竹施肥在初春以迟效的有机肥为主，在初夏以速效化肥为主。施肥结合松土进行，松土一般深度为 15～25 厘米，遵从"近蔸从浅，无蔸从深"的原则，以免伤害笋芽。施肥方法通常采用环状沟施或环状穴施，施肥后覆土。不论采用哪种施肥方法，都应注意肥料不能直接接触笋芽，以免产生肥害。

种植后第一年的幼林施肥 3 次，在新竹子分蔸苗栽植成活后，即见有 2 片竹叶后进行第一次施肥，每株施腐熟稀粪水(10%)10 千克加尿素 50 克。第二次在 6 月底每株施腐熟稀粪水(10%)10 千克加尿素 50 克或碳铵 100 克。第三次在 7 月底每株施腐熟稀粪水(10%)15 千克加尿素 100 克或碳铵 150 克。

第二年至竹林投产前每年施肥 4 次:第一次是春肥(基肥),一般在 3～4 月份进行,以有机肥为主,每丛施入腐熟的农家肥(厩肥、堆肥、猪牛粪等)25～50 千克,肥料施在已扒开土的竹丛周围,不能直接接触笋芽,施后随即覆土培高。此次施肥的目的是促进笋芽萌发,提高竹丛出笋量。第二次是在 5 月份,结合锄草、松土进行,以速效氮肥为主,每丛施尿素或碳铵 0.5 千克左右。方法是先在竹丛周围离竹蔸 50 厘米处开环形沟,将肥料均匀撒入沟内或用水稀释后浇灌,施后立即填土盖肥,以防挥发,提高肥效。施肥中特别注意防止肥料直接接触嫩笋芽,以免引起竹笋萎缩死亡。此次肥的作用是促进笋芽生长,提高产笋量。第三次是 7 月份,也是以速效氮肥为主,每丛施尿素或碳酸氢铵 0.5 千克,施肥方法同第二次。第四次是养竹肥,在 9～10 月份,每丛施复合肥 0.5 千克,施肥方法同第二次。

幼林施肥是为了增加出笋量,加速竹秆增粗,施肥与抚育可同时进行,甜竹笋幼林施肥见表 3-2。

表 3-2　幼林施肥时间表

每年施肥时间	3～4 月份	5 月份	7 月份	9～10 月份		
肥　种	厩　肥	尿　素	尿　素	尿素	过磷酸钙	氯化钾
第一年施肥量(千克/667 平方米)	750～1000	5	5	5	1	1
施肥方式	基肥	浇施	浇施	浇施		
第二、第三年施肥量(千克/667 平方米)	750～1000	15	15	5	3	3
施肥方式	扒土、沟施	沟施	沟施	沟施		

(六)成竹施肥 施肥是保证甜竹笋生长良好和提高竹笋产量的重要措施。因为甜竹笋产笋期长、产笋量大,每年需补充大量肥料。一般丰产林,每年从每 667 平方米甜竹笋林中收获 1 000～2 000 千克竹笋,还有更新母竹时砍伐后带走的竹材,每年需要消耗大量营养物质,因而会使土地养分供应不足。为保证甜竹笋林的持续丰产,必须对甜竹笋林进行施肥,补充营养物质。甜竹笋从土壤中吸收的营养元素,主要有氮、磷、钾、硅、钙、硫、铁等元素。氮、磷、钾是竹子生长的主要营养元素,需要量大,在土壤中常出现不足。因此,施肥主要是增施氮、磷、钾。此外,增施硅肥对提高竹笋产量也有明显的效果。

加强肥水管理是甜竹笋高产的重要技术措施。成竹可结合抚育同时进行施肥。根据竹子一年四季 4 个不同的生长期,1 年应进行 4 次施肥,称为四次施肥法。四次施肥法是根据竹笋产量目标、土壤中养分的含量及竹子生长需要的养分确定施肥量,有机肥与化肥结合施用,使施肥做到准确、合理、科学。施肥量以每 667 平方米产竹笋 1 500 千克为例,可施氮 90 千克,五氧化二磷 30 千克,氧化钾 45 千克。

春季施肥,也称施基肥,在扒开土后 15 天进行,进行根际施肥覆土,促进发笋。这次肥料以腐熟的有机肥为主,常用的有人粪尿、厩肥、饼肥、土杂肥等。每丛可施人粪尿 25～50 千克,或腐熟的饼肥 5～10 千克,或厩肥 25～50 千克,直接施在已掀开土的竹蔸周围的松土上,注意肥料不要接近笋芽。如果施用化肥,氮、磷、钾比例为 3∶1∶2,每丛施用量为 1.6 千克,另外再加施硅酸钙复合肥,效果更佳。

第二次施肥在 5 月份竹笋出土的初期,结合锄草、松土、培土进行。施肥以化肥为主,每丛竹可施进口硫酸钾复合肥

1.5千克加尿素0.5千克，或碳酸氢铵及过磷酸钙各5千克，肥料应均匀施在距竹丛1～1.5米的条沟中，条沟的宽和深以25厘米×15厘米为宜。肥料施后要及时盖土，以提高肥效。

第三次施肥在7～8月份进行。每丛施用化肥1千克，酌量施钙镁磷肥，施肥方法在竹丛周围挖沟施或竹子间穴施，施后覆土培高，结合中耕除草进行。

第四次施肥在9月份结合施养竹肥，每丛竹可施进口硫酸钾复合肥1.5千克加尿素0.5千克，或碳酸氢铵及过磷酸钙各5千克。

产笋量大的竹子显出缺乏养分时须进行追肥。施追肥以速效化肥为主，每丛每次可施入氮、磷、钾比例为5：1：2的混合肥料1～1.5千克，或尿素、硫酸铵等化肥0.5～1千克。采用环状沟施肥法，即在竹丛中心1米周围，掘深约10厘米的浅沟，将肥料均匀撒在沟中，施后随即盖土。

每次施肥应注意3点：一是施有机肥可直接施在已扒开的竹蔸周围，施后覆土，覆上的土比原土穴面稍高。二是施化肥应从竹丛周围开沟，将化肥撒入沟内或用水冲稀后浇灌，以防止过浓的肥料接触嫩芽而引起竹笋萎缩死亡现象。三是施肥后要立即覆土盖肥，防止肥料挥发流失，以提高肥效。夏季施肥一般与培笋、产笋穴位处理结合。

五、科学割笋与选留母竹

（一）麻竹割笋与选留母竹

1. 割笋要求　麻竹在清明种植后，雨水充沛，当年7月中下旬就有部分笋芽萌发生长，最多可萌发6个。如果天气干旱，当年全不萌发，而到翌年才能先后萌发。麻竹一般每个分蘖体生有很多笋芽，但能正常发育的只有1～3个，最多4～

5 个，其余均为潜伏性的笋芽，有的可到割竹笋后转变为正常发育的笋芽，有的则会变成无效的“虚目”。麻竹笋蔸上的大笋芽，一般分蘖节上的笋芽是最下部的先萌发。在肥水充足的条件下笋芽可继续发育成笋，因此割竹笋以后留下的笋蔸要用细土覆盖好，促使新的笋芽发育成笋。割笋时，可先将基部最初萌发的 2 个竹笋留养成竹，其余的竹笋可陆续割去。割后如加强肥水管理，并及时培土覆盖，可以提高笋蔸的芽的萌发能力，增加产量。在割竹笋时，应将分蘖力强的笋芽适量保留，以利于繁殖。

麻竹笋的产量较高，一般每 667 平方米产鲜笋 1 000～1 500千克，其中经营好的麻竹林每 667 平方米年产鲜笋可达 3 000 千克以上。麻竹出笋的时间，一般 5～6 月份为初期，7～8 月份为盛期，9～10 月份为末期。麻竹从 5 月上旬至 10 月底都可产笋，萌发期和产笋期较长，气候温暖年份可延至 11 月份，但开始出土和出土结束期，因竹种和地区不同，先后可相差 10～15 天。初期和盛期出土竹笋的数量，占全年出笋总量的 80%以上，竹笋粗壮，成竹质量较好。母竹留养应在盛期进行，早期出笋应挖去，末期出土的竹笋数量少，细弱，成竹质量差。在偏北地区，末期出土的竹笋，常因生长期短，幼竹尚未木质化，冬季易受冻害。为了防止竹丛养分损耗，末期出土的细弱竹笋，可以割取食用。割取竹笋时，应保留竹笋的秆基。竹笋出土初期和盛期，正当夏季，气温高，食竹笋的害虫（如一字竹笋象等）十分猖獗。竹笋受虫害后，轻则竹秆上留下虫孔、断梢，重则引起退笋。因此，防治虫害是麻竹护笋养竹的关键措施之一。

2. **适时割笋** 麻竹的笋出土后，竹笋要适时采割，应根据不同的用途适时收割，否则笋箨会因见光变绿而影响品质。

如割笋过早，笋体小，产量低；如割笋太迟，竹笋老化，笋变味，质量差。麻竹笋出笋盛期气温高，竹笋生长快，2～3天就要割1次，割笋最好在早上进行。出土后如直径6～8厘米，高25～30厘米时，在平地面割取。出笋初期和末期气温较低，直径8厘米以上，高35～40厘米时，在平地面割取笋。出笋生长较慢，一般3～5天割1次。如作为蔬菜食用或制罐头，竹笋要在出土15～20厘米时抓紧收割，而作为加工制作笋干的笋，可留长些，在出土20～40厘米时抓紧收割。一级食用鲜笋的采收规格为直径(采收后鲜笋块头部的直径)15厘米左右，径高比(笋的直径与长度的比率)0.6左右，笋的外观饱满，无青笋，无空心。二级至三级食用鲜笋直径10厘米左右，径高比分别为0.4和0.3左右，外观基本饱满，有少量青头，基本无空心。一级加工用鲜笋采收规格为直径15～20厘米，径高比0.27～0.36，笋体饱满，无空心。二级至三级加工用鲜笋直径10～15厘米，径高比分别为0.22～0.27和0.2～0.25，笋体基本饱满，略有或轻度空心。

割笋位置应掌握，一般早割常在笋芽第五分蘖节割断，迟割在笋芽第七分蘖节割断。收割时断面要尽量保持与分蘖节平行，同时应注意保护好笋基部及笋芽。麻竹笋早割和迟割的位置见图3-4。

笋农割笋多用锄头挖，容易损伤笋体，影响母株生长，降低鲜笋产量和质量。科学割笋的方法是：先用小锄头扒开竹笋周围的泥土，挖除笋芽周围的土壤达到一定的深度，使笋裸露，掌握好切割位置，割笋刀口平地面，选准在笋体顶叶相反方向的缩节部位将竹笋割断取笋，刀口通常与地平线成水平，切面要求平整，不要伤及旁边的嫩笋，同时笋蔸要完好留下，因笋蔸有再发育成笋的能力。收割后，让伤口外露3～5天后才培土，以免伤口腐烂。为防止割笋后蔸部腐烂，割笋最好选择晴朗的早晨进行，同时要注意保留笋蔸(笋蔸上的芽眼在适宜条件下仍可发育成笋)，用表土覆盖笋蔸。

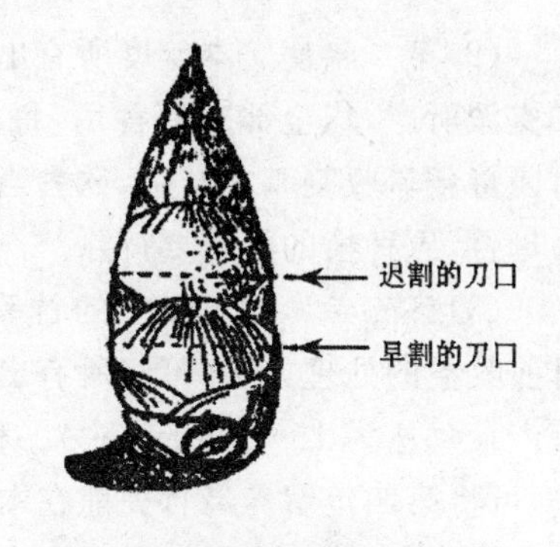

图 3-4　麻竹割笋位置示意图

3. 选留母竹方法

将竹笋抚育成成竹的过程称为“留母”，应根据麻竹的产笋特点留养母竹，留养适量的新母竹并及时更新老母竹是保证竹丛旺盛生长的根本措施。麻竹 4～6 年为成熟竹，以产笋为主要目的，应积极割笋，多挖笋。但为了使竹林年年丰产，又必须每年留养一定数量的母竹，以利于光合作用和母竹新老接替。因此，产笋期必须处理好留养母竹和割笋的关系，既留好母竹又多产竹笋。各年度割笋和留养母竹方法如下。

(1)第一年度　当年清明前后定植的母竹成活后，至 6～7 月份可首批出土竹笋，待竹笋高达 1～1.5 米后，从离地面 3～6 厘米处木质化的部位，用刀砍断，切断面要平，以后出笋也同样处理。到白露开始留笋，在竹蔸分蘖体的左右侧，各保留 1 株培育成新母竹，每丛留笋 3～4 株，以抚育成竹。其余的竹笋在直径 6～8 厘米、高 20～40 厘米时平地面割掉。当年留下作为母竹的竹笋，长成的竹子到 3～4 米后，要从距地面 2～2.5 米处截断，以增加分枝，扩大光合面积。以后出土的新笋，可全部割笋食用。第一次留养母竹生长成的新竹子，分别称为第一支派、第二支派。

(2)第二年度　本年度所有出土竹笋,不论第一支派或第二支派所产,均全部割笋食用,每丛竹笋产量为5～10千克。竹园待新笋收割基本结束,砍去当年弱小的母竹,再留新笋作为母竹,原种植的母竹要铲除。

(3)第三年度　对出土的竹笋,有2种处理:一种是争取目前收益的处理方法,可将所有出土的竹笋全部割笋食用,竹笋产量每丛为15～30千克;另一种是照顾长远利益的处理方法,可将第四年留养母竹提前在本年度进行。

(4)第四年度　早期及晚期出土竹笋全部割笋食用,7～8月份中期出土竹笋多。中期出土竹笋则大部分割笋食用,适时在竹丛的适当位置的第一、第二支派的发展方向选留生长健壮的竹笋,各选留竹子1～2株培养成新母竹,为第二次新生母竹,留养母竹2个支派一般不超过3株,以免留养母竹过多影响当年竹笋生产。新竹的留养时间,以出笋高峰期稍后为好,不宜过早或过迟。过早留养母竹会影响竹笋的产量,原因是早期留养母竹会使其他已分化的笋芽因营养不足而不能出土。此外,出笋早的笋留用竹种,早期留养由于温度低,易受低温冻害而引起退笋;留养过迟,则影响留养母竹的质量,在出笋末期留养母竹,由于竹林内部大量的养分已消耗,往往会因营养不足而使母竹生长细弱。此外,末期留养常造成该留的地方因不出笋而留不成母竹,造成母竹分布不均匀,结构不合理。由于留养母竹的关系,本年度竹笋略有减产,但产量每丛仍可达15～30千克。此后,麻竹留养母竹,每年进行1次,每丛留养母竹2～3株新竹,在留新母竹的同时应把老母竹砍掉。

(5)第五年度　由于上年第二次留养母竹消耗较多养分,未萌发的竹笋目,几乎全部变质,演化为“虚目”,故老竹笋头基本上无完整的目可以出笋。惟一可以出笋的竹，是第二次新生母竹笋目。本年度竹笋产量有一定程度提高，第一、第二支派发生的竹笋可以大部分割笋食用，每丛竹笋产量20～40千克。本年度可在长势差的竹丛留养母竹1～2株，长势好的竹丛留养母竹推迟1～2年，不必同时进行，以控制竹丛平衡发展。到第五年度时原种植的老母竹已无产笋能力，可在冬季砍伐，以免竹丛过于拥挤。

(6)第六至第九年度　竹林处于旺产期阶段，竹园肥水管理是竹笋高产稳产的关键。竹子产笋越多，需要增施的肥料也越多。这几年所有出土的竹笋，除每年留养长势好的母竹1～2株外，其余全部割笋食用，每丛产量在30～50千克。

(7)第十年度　由于竹笋头逐年增加，竹笋目也逐年增加，影响笋的生长，母竹营养供给负担加重，每个竹笋目所得到的养分亦大为减少，各竹笋目的生长发育不免互相牵制，形成半边竹子长势好、半边竹子长势差的现象。长势好的竹子长芽较多而肥壮，出笋较多；长势差的竹子长芽稀少而较弱，出笋较少。因此，必须挖掉竹丛中间的老竹蔸的头、根茎，使新母竹向内发展而产笋；并挖除原来种植的竹子基部和第一次留养母竹的头和根茎，称为“掘竹头”。一般每隔8～10年掘竹头1次，作用是让出空地，让留养母竹的根茎向内心发展，这就是3～4年留养母竹，5～6年砍伐老母竹、8～10年掘竹头的管理方法。本年度留养母竹及采笋的工作，相当于第四年度，以后对竹丛的管理，可按第五年度方式进行。

山地种植麻竹每丛每年平均留2株母竹，溪河两岸、房前屋后成行或单丛种植的每丛每年留3～4株母竹，除留作母竹外其余竹笋均可割去。

总之，麻竹在管理期间，母竹丛保持4～6株，竹笋每年割笋食用，每年留养母竹，并争取留养秆基的笋芽，要求产笋中期留养母竹，坚持每年砍伐老弱母竹及8～10年掘竹头。使竹林年年出笋，没有大小年，不宜一年多留，一年少留。同时，应注意选择生长健壮、无病虫害的竹笋做母竹，还要考虑到在园地中竹子分布均匀，以保持合理的竹丛结构。这是控制麻竹竹笋正常生长发育并持久生产之关键。

4. *培笋养竹* 培笋养竹是提高产量、保持竹笋风味的主要措施。过去大多数竹笋园，让其自生自灭，所以很容易退化而降低产量。麻竹生产种植后到第四年正式投产为成林，4年生的竹为完全成熟竹，竹材可在冬季采伐。采伐量与留养母竹的数量相同，采伐后要挖去竹蔸和相连的老竹蔸。根据麻竹的秆柄高于母竹秆基以及竹笋出土后见光变绿老化、竹笋味差的特点，产笋期要坚持用湿土覆盖新笋，提高鲜笋的质量。用扒开的土壤重新覆盖所有正在萌发的笋芽，增加土壤厚度，使竹笋有更长的时间在土中生长，促进鲜笋品质好，笋体嫩白，并可增大笋体，提高产量。培笋、留母竹在8～9月份待竹笋刚露出表土时，结合中耕除草进行培土覆盖，一般覆盖湿土12～30厘米即可。生长势强的竹子培土厚些，可加土30厘米，笋尖在覆盖泥土时，要加盖竹篓或杂草等。目的是保持水分，防止被阳光照射变绿及减少病虫危害。每年11月份割笋终结后，首先是砍掉退化的3～4年生母竹，挖去老竹蔸，清除枯枝落叶，让竹笋园土壤直接受阳光暴晒；其次是在12月底至翌年1月份春雨来临前，施用草木灰、土杂肥等做基肥；再次是用肥沃新土（晒土或塘泥）培笋，每667平方米培土5 000千克左右，扩大麻竹笋的营养面积，增厚生根层，增强根系的生长能力和吸收能力，促进竹子的生长发育，从而达到提高产量、品质的目的。

(二)绿竹割笋与选留母竹

1. 割笋位置　绿竹笋要适时采割。割笋过早，笋体小，产量低；割笋过迟，笋体虽大，但笋肉质差。一般在笋尖破土时即可采割。采割时间以笋刚破土时为宜，割笋最好在早上进行，采笋时先铲开竹笋周围泥土，留 1～3 对笋芽。然后在笋蔸上部用刀切笋基部，将笋割断，刀口要沿着笋蔸平行于笋径，笋蔸要完整留下，也不能使笋蔸与母竹的连接处撕裂，以让笋蔸继续发笋，达到提高产量的目的。绿竹割笋位置见图 3-5。

2. 割笋与留养母竹方法　绿竹的分蘖体萌芽力寿命与麻竹相近似。因此，绿竹可每年割笋，亦要求年年选留母竹，才能及时更新，持久生产。鲜笋产量一般每 667 平方米为 500～600 千克，最高可达 1 000 千克。其各年度割笋和留养母竹方法如下。

图 3-5　绿竹割笋位置示意图

(1)第一年度　新栽植的绿竹在夏至后可出笋 2 株，如种植的竹苗健壮，天气良好，可发生 3～4 株，最多时达 5～6 株。这一阶段出笋均不宜割笋，应全部留作母竹。新母竹按发生竹笋的顺序，分别称第一支派、第二支派、第三支派。

(2)第二年度　早期出笋及晚期出笋可全部割笋食用。但是每支派留母竹，必须选择健壮而位置适当的中期笋，各选留母竹 1～2 株。每一竹丛以留母竹 4～6 株为好，不宜多留，以免过多消耗竹丛养分而有碍于竹笋生产。每丛竹笋产量，视第一年度培养新母竹株数而有差别，如是2株新母竹的竹丛，本年度可割笋6～10个，合计重量为1.5～2千克；如是4株新母竹的竹丛，本年度可割笋10～14个，合计重量为2～3千克。

(3)第三年度　割笋和留母竹作业同上年度。同时，应于竹笋停产后至翌年新叶萌发前，疏伐满3年生的母竹，并挖掘其竹根，以免拥挤，促进更新。自此以后，每年照此进行。每丛常保存母竹5～8株，即可保证绿竹竹丛持久生产。本年度每丛竹笋产量为4～5千克。

第四年度以后，每年每丛竹笋产量可保持7.5～10千克的水平。

适时割笋对绿竹笋品质和风味影响较大。绿竹笋出土受光后，笋箨受光变绿，笋肉老化，笋的风味苦涩，笋肉品质下降。为保持绿笋品味，提高其品质，在竹笋未出土前，每次结合割笋加以培土，深生笋上面覆土10～20厘米，浅生笋覆土20厘米以上，或用破盆、无底器皿套上用潮土填实。产笋盛期以前和以后，即6月中旬前和9月上旬后挖的笋穴，可以立即封土踏实；产笋盛期挖的笋穴，由于伤流较为严重，要隔3～5天，待伤口略干后方可封穴，以防伤口腐烂，影响笋芽的正常发育。

六、老竹园的更新改造

老竹园的更新改造，主要是砍伐伤残竹、老竹，留养母竹等。在每年的冬季把竹丛中所有生长不良的细小伤残竹及4年生以上的老竹，全部砍除，每丛只保留生长好、粗壮的1～2年生的竹子4～5株作为母竹。挖除竹蔸在每年的冬季至翌年 3 月份,结合砍伐伤残老竹,及时把老竹蔸彻底挖除。挖老竹蔸时要做到不伤害留养母竹的秆基和笋目,挖老竹蔸后要及时填土,不留穴。

随着竹林的生长发育,竹林逐渐出现老化现象。竹林老化主要表现为出笋量减少、衰败等。

(一)退化竹林的更新改造 竹林老化退化包括地上竹林结构和地下茎结构的老化、退化。竹林老化主要是经营多年,地下茎和根的系统得不到及时更新造成的。母竹留养不合理,留养数量少,质量差,留养时间过迟;老竹保留过多,没有及时更新。竹林退化则主要是多年的经营管理不合理或缺少抚育管理,不松土,土壤板结,竹林荒芜,杂草灌木丛生,老茎、老蔸充塞林地,使竹林长势越来越弱而造成的。施肥不合理,或施肥过少,土壤缺少养分,挖笋不小心,大量伤地下茎,母竹采伐过量,或过量挖笋。

甜竹笋经多年经营以后,竹蔸逐渐上升,高出地面而呈土墩形,产量降低,出笋推迟,品质下降,使竹丛出现衰退。更新复壮方法可采用留伐更新、挖去老竹蔸、加土等方法。

(二)更新改造方法

1. 全面复垦深翻 对衰败老化竹林进行全面复垦深翻,深度在 30～40 厘米,挖除老茎、竹蔸,清除石块,保留年轻母竹及健壮地下茎。深翻可在 6 月份或 12 月份进行。然后,每 667 平方米施有机肥 5～10 吨。更新改造后翌年可以恢复增产。

2. 带状深翻更新 将竹林划分成若干条带,带宽 4～5 米,隔一带深翻,交替进行,可分 2 期完成。根据更新改造的程度,可进行轻改或重改。轻改是在改造的带内进行复垦深翻,时间在 6 月份或 12 月份,深度 40 厘米,挖去老茎、老竹,保留年轻的母竹与健壮的地下茎。重改是在改造的带内，将所有的母竹和茎根全部挖去，并在带内施肥加土，促使两边竹林的竹茎伸展到带内，加快衰败竹林的复壮。根据恢复的速度，再确定第二期改造时间。一般进行轻改的可在第二年连续进行，重改的可在第三年或第四年再进行改造。

3. *块状更新改造* 可将竹林划分成若干小块状，改造方法同带状更新。对于原来的小块状竹林，可保留四周边缘的母竹，改造中间部分，改造方法可轻改，也可重改。轻改可保留新竹和壮竹。重改则将中间的母竹、竹蔸全部挖去，然后重施肥，促进四周竹林向中间伸展。以上3种改造方法，各地可根据竹林衰败老化的情况选择适宜的方法。改造后，要加强竹林的抚育管理，采用合理留养、更新老竹、合理断梢、防治病虫、锄草、松土、合理施肥、改良土壤和水分管理等管理技术，促进竹林更新复壮。

第四章　甜竹笋病虫害防治技术

第一节　病虫害防治原则和措施

一、防治原则

病虫害防治坚持以“预防为主，综合防治，防重于治”为基本原则，通过加强竹丛培育、合理经营、改善竹林生态和优化竹林的生态系统，创造有利于各类天敌繁衍的环境条件，充分发挥竹林的自然控制作用，增强竹子对有害生物的抵抗能力，将竹子病虫危害减少到最小程度。生产过程中应树立竹林(笋)、病、虫、草等是整个生态系统的观点，贯彻“预防为主、综合防治”的植保方针。防治措施上以营林技术为基础，优先采用物理防治和生物防治，必要时使用化学防治，使竹笋有害生物的危害控制在允许的经济阈值以下，同时竹笋的农药残留不超标，达到安全、优质、无公害笋生产的目的。

害虫综合治理是协调应用化学、营林、遗传和生物的多种方法，达到有效、经济地抑制害虫，使其种群数量控制在不造成经济危害水平即可。在方法上以营林措施为基础，加强竹林培育管理，提高竹子对害虫的自控能力；在低虫口密度下，重视营林技术，注意天敌保护并引进和增加天敌数量，控制虫子长期维持在低虫口下；在高密度虫口时，及时采用对环境污染较小的竹腔注射为主的化学防治措施并协调其他防治方法，使其不成灾或少成灾。实践证明，采用综合防治不仅经济效益显著，而且能有效地抑制虫害并保护竹林，使人们对竹类资源实现可持续开发利用。

二、防治措施

(一)做好病虫检疫工作　在引种竹种的同时，必须注意产地检疫，一定要用健壮的母竹，杜绝有病虫的母竹引进新区，尤其是对全株性的系统性的病虫害如竹丛枝病、竹秆锈病、竹广肩小蜂等。

(二)加强营林技术　营林技术措施是病虫害综合防治的基础，通过改善竹林生态环境，提高竹子个体和群体的生长势，从而达到提高抗性或避病虫的目的，又能起到增产的效果。

(三)清除越冬病虫源　笋用竹病虫的越冬是最薄弱的环节。清除越冬病虫源是比较简单易行的方法，且会起到显著的效果。3 月份前可彻底剪除竹丛枝，消灭竹广肩小蜂、介壳虫等病虫枝条或病虫斑，并带出林地立即烧毁，减少病虫传播。对竹秆锈病，可挖去冬孢子堆及其周围的不健康组织，无论是块状，条状还是棱形的冬孢子堆，都需彻底刮除，刮得不彻底的病株，夏孢子出现时，再重新补充刮除。对开花竹子一定要彻底挖除竹秆并予以补植。

(四)化学药剂防治　在一些病虫害严重暴发的前期使用化学药剂防治，使用化学药剂时必须注意农药种类、防治时间、药剂浓度和防治方法，以免发生残毒、毒害或防治无效。不同农药是针对不同病虫害且采用不同的方法进行防治。

第二节 主要病虫害防治

一、竹丛枝病

【症状特点】 竹丛枝病又称雀巢病、扫帚病，属病毒性病害。在种植后的第二年可发生此病害，发生面也很广。发病初期，仅个别枝条发病，竹子的患病枝条春天不断延伸成多节细长的蔓状枝，并逐渐长成丛。患病枝条细长，节间变短，节数增多，衰弱。病枝上叶片变成鳞片状，叶型变小，小枝顶端长出几片小新叶，后小枝上长出无数侧枝，侧枝长成丛，形成扫帚或雀巢。患病竹子从个别枝条丛枝病发展到全部枝条，致使整株枯死。4～5 月份病枝端新梢部位产生白色米粒状物，8 月份消失。9～10 月间出现第二次丛枝病，又可产生白色米粒状物，但远不如春梢上普遍。患病枝条的顶端叶鞘内产生白色米粒状子实体，成熟后小枝端即枯死。促使第二年产生更多的丛生小枝，患病竹子常由个别侧枝发病逐渐扩展到整株发病，逐年加重使竹林生长衰败。

【防治措施】

(1)加强竹园田间管理 保持合理的密度，砍除老竹，促发新竹，保持竹林适当密度。加强管理，清除掉患病竹子，提高竹林抗病力，及时松土、施肥，以促进竹子生长旺盛，减少病害发生。除去老弱竹枝，对患病的竹子应早砍除并集中烧毁，防止病害再度发生。严格检查，发现母竹中有患病植株及时清除，竹林中一旦有丛枝病株，立即剪除病枝烧毁。重病竹林，必须砍除全林，就地烧毁。

(2)农药防治 每年 3～4 月份，用 25％粉锈宁可湿性粉剂 500 倍液进行喷雾，每 667 平方米用 200 毫升，每周 1 次，连续喷施 3 次。

二、竹秆锈病

【症状特点】 竹秆锈病又称竹褥病。病菌在风中传播，在笋用竹区普遍发生，老竹尤为严重，重者发病率达 100%。竹笋产量明显降低，甚至无收，逐年病情加重，导致竹林衰退。病斑多发生在竹秆的中下部或基部、小枝杈上，尤其是近地表秆基竹节两侧，严重时可蔓延至竹秆的上部或枝条上。5～6 月份患病部位产生黄褐色或暗褐色、圆点状或宽条状粉质的垫状物，即为病菌的夏孢子堆。夏孢子堆脱落后，患病部位呈黑褐色，患病组织内病菌继续向病斑边缘蔓延扩展，现出黄斑。在 11 月份至翌年春，此黄斑呈点状或宽条状、锈色、革质垫状物，即为病菌的冬孢子堆。冬孢子堆脱落后，患病部位也呈黑色。老病斑年复一年扩大蔓延，直至竹株枯死，枯死植株竹腔内有积水。5～6 月份是夏孢子侵染新老竹的主要时期，在冬季防治冬孢子堆，效果明显。

【防治措施】 竹林中或在引种母竹时发现有发病植株，应及早清除，进行烧毁，以免蔓延。加强竹林抚育管理，合理砍伐，保护竹林合理密度及通风透光，可减少病害发生。每年 4 月份之前，人工刮除病斑及其周围部分竹青或刮除病斑后再涂药的方法防治，注意不跳刀，不遗留，涂药选用粉锈宁粉剂与柴油按 1∶1 的比例配制，药剂要求现配现涂。在竹子发枝展叶期的 5 月下旬至 6 月上旬可用 0.5 波美度石硫合剂或 1%敌锈钠水溶液喷洒患病竹子，每隔 7～10 天喷 1 次，连续喷 3 次可取得较好的效果。

三、竹煤烟病

【症状特点】 竹煤烟病又称竹煤污病。主要症状是在竹枝和叶上形成黑色煤污层，如同煤烟。此病的直接病原为一种真菌 Meliola stomata，而该病菌又是由蚜虫和介壳虫在竹枝叶上分泌出含糖甜味的黏液后寄生的。所以此病的最终根源是蚜虫和介壳虫。每年 4 月上旬至 6 月下旬、9 月下旬至 11 月下旬为 2 次发病感染期，在叶上表面通常呈黑色圆形霉点，后扩展成不规则形或相互连接成一片，覆盖在叶上表面。影响叶片光合作用，严重时可导致植株全株枯萎。此病在种植后的第二年即可发现，起初在竹叶或小枝上先出现蜜汁点滴，渐形成圆形或不规则形、黑色丝绒状的煤烟点，后蔓延扩大，致使竹叶正反面，叶鞘及小枝上均布满黑色厚厚的煤污层。严重时枝叶黏结，竹叶发黄、脱落。煤污层的枝叶上，常见蚜虫和介壳虫的危害，且发现有天敌(如瓢虫等)存在。竹子煤污病的发生常与竹林管理不善，竹林密度过大，竹子生长细弱，以及蚜虫、介壳虫的危害有密切关系。

【防治措施】

(1)治病先治虫　竹煤污病是由竹子上的蚜虫和介壳虫的排泄物引起的，煤烟病受害部位有黑色煤污层。可采用在竹节处环剥一圈，后用药棉蘸乐果或敌百虫原液涂抹环割伤口，使蚜虫吸食汁液而中毒死亡，达到治虫又治病的目的。当介壳虫、蚜虫的若虫活动时，用松脂合剂 20 倍液，或 0.3 波美度石硫合剂喷雾防治。

(2)合理砍伐、留养竹子　使竹林通风透光，降低湿度，可减少病害的发生。竹林开始发病时，都是先在个别的枝、叶上出现霉斑和虫，如能及早清除这些带病、虫的枝、叶，并加以烧毁，可以有效地控制煤污病菌的扩散和蔓延。

四、竹广肩小蜂

【形态特征】 竹广肩小蜂幼虫在枝梢及小枝内吸食营养，使被害竹枝膨大，形成虫瘿，并于当年秋天落叶，导致被害竹子生长不良，严重时全株枯死。成虫体黑色而有光泽，生白色短绒毛；触角11节，黑色。翅痣明显。虫卵乳白色，长卵圆形，一端略钝，一端略尖。幼虫体乳白色，口器黑褐色。虫蛹初羽化时白色，临近羽化时呈黑色。竹广肩小蜂形态见图4-1。

【生活习性】 竹广肩小蜂1年繁殖1代，以虫蛹在寄主虫瘿内越冬。4月中下旬开始羽化，6月上旬羽化结束。成虫喜栖向阳背风的地方，飞翔力弱，白天围绕着竹子飞舞栖息，无风晴天成群飞翔于竹子的叶冠上部求偶交尾，交尾后的雌虫在竹子的嫩梢上产卵，每处产卵1粒，虫卵经2～3天孵化，幼虫附于小枝的竹管间吸取汁液而生长发育。随着幼虫的长大，受害组织逐渐膨大，俗称“驼仔”。“驼仔”比平常竹节大4～5倍。幼虫从6月上旬开始危害至9月下旬，9月上旬后

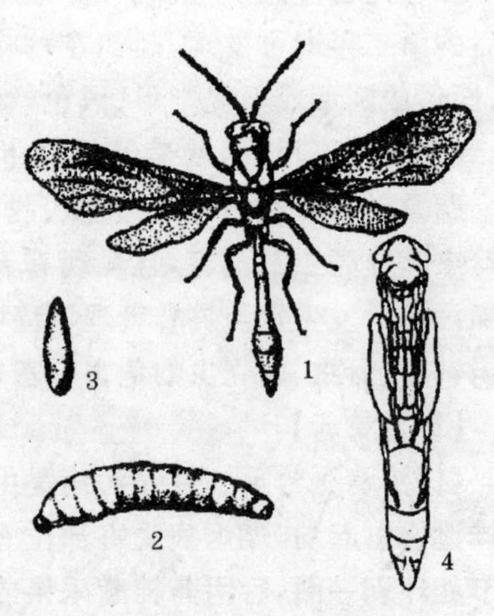

图4-1 竹广肩小蜂

1. 成虫 2. 幼虫 3. 卵 4. 蛹

陆续化蛹越冬。受害竹叶多而密厚，枝叶下垂，形似生长茂盛，实则生长受到极大影响。受害后期竹节膨大形成虫瘿，枝叶渐黄而枯落，部分竹子枯死。新竹受害最重，2～3 年生的老竹亦能受害，严重影响竹林出笋。

【防治措施】 加强抚育管理，竹林中发现有个别虫瘿枝条，立即剪除。羽化成虫盛期(5 月上中旬)，用 80%敌敌畏乳油 1000～1500 倍液，或 50%杀螟丹可溶性粉剂 1000～1500 倍液喷雾防治。

五、竹 蚜 虫

【形态特征】 竹蚜虫体小而柔弱；触角丝状 3～5 节，末节中部突变细，明显分为基部和端部 2 段。翅蚜透明，前翅有翅痣，显著大于后翅，但很多个体常不见翅。腹部膨大，稍呈梨形，第六节或第七节背面生有 1 对圆柱形管状突起称腹管，能分泌糖液，腹末端具突出尾片。蚜虫形态见图 4-2。

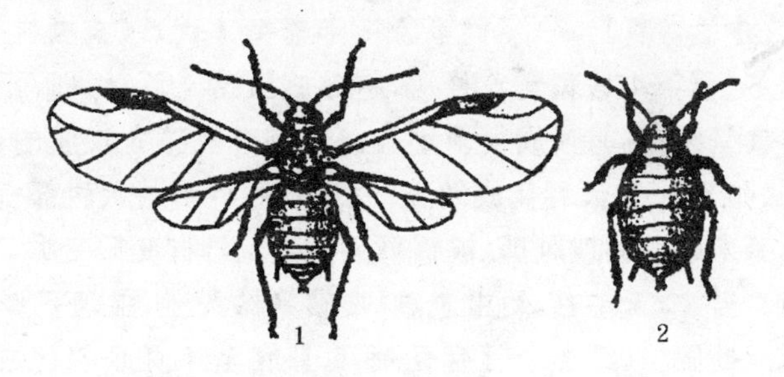

图 4-2　蚜虫

1. 成虫　2. 若虫

【生活习性】 竹蚜虫 1 年繁殖多代，以前 1 年秋天雌虫所产下的卵越冬，5 月下旬至 7 月上旬，新竹抽枝长叶，老竹陆续换叶，林冠生长茂盛，竹子地下茎开始生长，也是蚜虫危害最猖獗的阶段，极易引起煤污病。秋季还会发生1次，但没有春季严重。该虫害在较阴湿的竹林中发生严重，可导致竹笋产量大幅度下降，造成经济损失较为严重。

【防治措施】 竹蚜虫防治可喷洒50%乐果乳油2000～3000倍液。发生初期用2.5%功夫乳油1000～1500倍液喷洒，连续喷2～3次。也可用20%杀灭菊酯乳油1000～2000倍液进行叶冠喷雾。要注意保护瓢虫、草蛉等天敌昆虫。

六、一字竹笋象

【形态特征】 成虫体棱形，管状喙长，雌虫细长光滑，雄虫粗短，有突起。雌虫初羽化乳白色或淡黄色，后赤褐色。头黑色，两侧各生漆黑色椭圆形复眼，触角黑色。前胸背板有一字形黑斑，翅上各有2个黑斑。虫卵长椭圆形，白色，不透明，后渐成乳白色。幼虫米黄色，头赤褐色，口器黑色，体多皱褶。虫蛹体淡黄色。一字竹笋象形态见图4-3。

【生活习性】 一字竹笋象1年繁殖1代，以成虫在土层中越冬，翌年4月底至5月初，越冬成虫出土活动，即可上竹笋啮食笋肉，将笋咬成很多小孔。将卵产在事先咬成的卵穴中，虫卵经3～5天孵化成幼虫，幼虫咬蛀竹笋进入内部危害，使竹笋未成竹就被风折，被害竹笋成竹后竹材变形变脆，不能利用。经20天左右，幼虫老熟，咬破笋箨入土，在地下8～15厘米深处做茧，经半个月后化蛹，6月底至7月底羽化成虫，在土茧内越冬。

【防治措施】 应冬季翻土破坏一字竹笋象的越冬场所，在秋冬两季进行深翻松土，受害严重的竹林深翻，挖掘要细，当年生新竹四周不能遗漏，以破坏土茧的外出通道，使成虫大量死亡，同时可以促进竹林地下茎孕笋，每年或隔年进行1

次。

成虫活动期间，清晨、黄昏成虫低飞时可扑杀，及时割掉受害笋。对小面积发生一字竹笋象的竹林，可采取人工捕捉幼虫或成虫防治。另外，也可用粗4～5厘米，长30厘米左右的竹段，纵劈成两半呈把状，作为简单护罩套在笋尖上，可起一定保护作用，用后摘除，可继续使用。

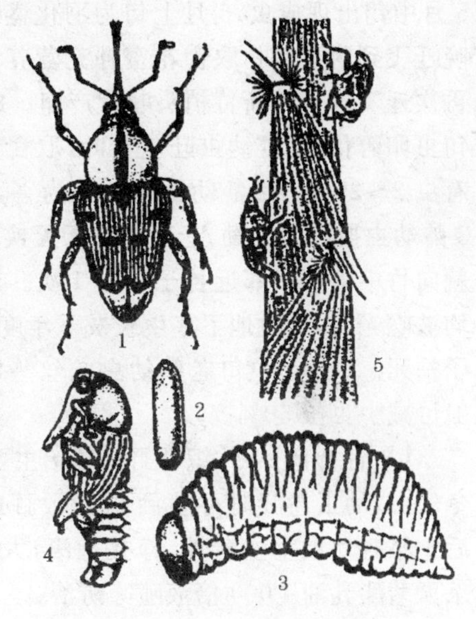

图4-3 一字竹笋象

1. 成虫 2. 卵 3. 幼虫 4. 蛹 5. 危害状

药剂防治可在大发生初期用80％敌敌畏乳油1000倍液喷洒成虫，效果良好。或用溴氰菊酯乳油、20％氰戊菊酯乳油进行喷雾防治。

七、竹织叶野螟

【形态特征】 竹织叶野螟的成虫虫体为黄色或黄褐色，翅外缘上具1条深褐色宽带，另有3条深褐色横线。卵扁椭圆形，蜡黄色，卵块呈鱼鳞状排列。幼虫体色变化大，以暗青色为多。体上各毛片褐色或黑色。虫蛹橙黄色。茧椭圆形，灰褐色，为细土黏结。

【生活习性】 1年繁殖1～4代，常世代重叠，以第一代幼虫危害最重。以老熟幼虫在土茧中越冬，翌年4月底化蛹，

5月中旬出现成虫,6月上旬为羽化盛期。成虫晚上羽化,当晚迁飞到附近树林取食花蜜补充营养,经5～7天交尾,雌虫再次迁飞到当年新竹梢头叶背产卵。成虫趋光性强。6月上旬虫卵孵化,初孵幼虫吐丝卷叶,取食竹叶上表皮,每叶苞共有虫2～25头。2龄幼虫转叶苞为害,每叶苞有虫1～3头。3龄幼虫换叶苞较勤,老熟幼虫天天换叶苞,每次换叶苞幼虫就向竹中下部或邻近竹子转移1次。严重危害时,全林竹叶均被吃光,影响竹地下茎生长及下年度出笋,甚至使大面积竹子枯死。7月上中旬老熟幼虫吐丝坠地,入土结茧。松土一般可减少虫茧50%。

【防治措施】 竹织叶野螟防治主要以锄草松土来杀死越冬幼虫,幼虫卷叶时可喷洒90%敌百虫晶体500倍液,施用后1小时幼虫垂丝着地,挣扎翻滚,大量死亡。也可用20%杀灭菊酯乳油1000倍液喷雾防治。

成虫出现时可灯光诱杀。灯光诱杀是利用成虫有较强的趋光性,选择较高开阔地点,装置黑光灯诱杀成虫。

释放赤眼蜂防治。6月上旬,成虫刚刚产卵时,释放赤眼蜂(每667平方米15万只,分2～3次释放),赤眼蜂寄生于竹织叶野螟卵块,使卵块不能孵化。

八、卵圆蝽

【形态特征】 卵圆蝽成虫椭圆形,黄褐色至黑色刻点。触角5节,黄褐色至黑褐色。前翅外缘基部黑褐色至漆黑色,略向上翘。虫体下及足淡黄褐色。虫卵淡黄色。近孵化前,在虫卵盖一侧出现三角形黑线,中间被一条黑线垂直一分为二,两底角下方各有1个椭圆形红点。若虫棕黄色,有黑色刻点。头前端缺口状。复眼暗红色。触角4节,灰黑色。腹背形成“V”字形黑斑。卵圆蝽形态见图 4-4。

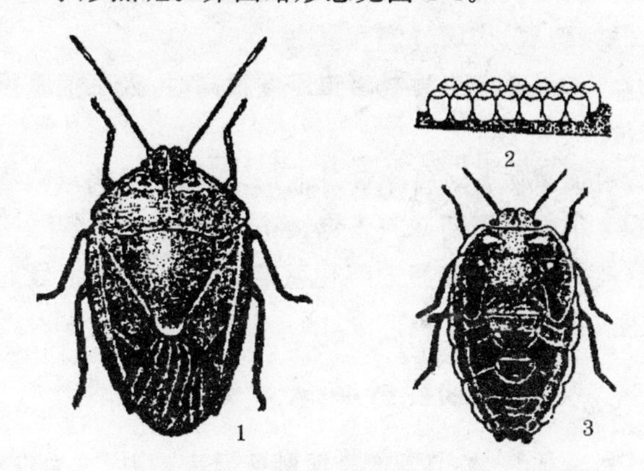

图 4-4　卵圆蝽

1. 成虫　2. 卵　3. 若虫

【生活习性】 1 年繁殖 1 代,以 2～4 龄若虫越冬。翌年 4 月上中旬活动取食。5 月底至 6 月上旬羽化成虫,6 月下旬开始产卵,7 月中旬为产卵盛期,7 月下旬出现若虫,10 月底、11 月上旬越冬。老熟若虫群聚竹节上下取食。羽化前 2～5 天停止取食,爬到竹秆下部枝上停息。成虫不活跃,少飞翔,爬行到竹节上下群聚取食,一株竹子上多达千余头。成虫交尾时雌雄成虫可在竹秆、小枝上继续取食,经多次交尾后开始产卵。虫卵经 4～7 天孵化。初孵若虫在卵壳的四周静伏,经 3～6 天蜕皮。蜕皮后即可爬行,比较活跃,多爬至竹的小枝节上或枝杈交界处取食,很少活动。至 4 龄时常爬到大枝节上,在枝杈交接处和竹秆上再取食 35～50 天后停食,排出臭液,老熟若虫坠地后,钻入枯枝落叶下越冬。

【防治措施】

(1)利用天敌　黑卵蜂对竹卵圆蝽卵的寄生能很好控制

其数量的增长；同时捕食性天敌对卵圆蝽也有较强的抑制作用，如蜘蛛、蚂蚁、广腹螳螂和瓢虫。

（2）人工捕杀　当竹林害虫密度很高时，人工捕杀可降低虫口密度。

（3）白僵菌防治　每年 3 月下旬，在林区发病点喷洒白僵菌，每 667 平方米用药 0.5 千克。

（4）药剂防治　在卵的孵化盛期、末期，或在 4 月上旬喷绿色威雷。

九、竹笋禾夜蛾

【形态特征】 竹笋禾夜蛾属鳞翅目夜蛾科，成虫棕黄色，雌成虫色浅，翅膀基部及前缘近顶部都有 1 个侧三角形斑，深褐色，翅膀面有光泽。虫卵近圆形，初产时灰白色，渐转黄色，孵化前为黑褐色。幼虫头橙红色，虫体紫褐色。虫蛹红褐色，末端有 4 根刺钩。幼虫蛀食竹笋内部，造成退笋，或成竹受害后断头、烂梢、心腐、材脆等。竹笋禾夜蛾形态见图 4-5。

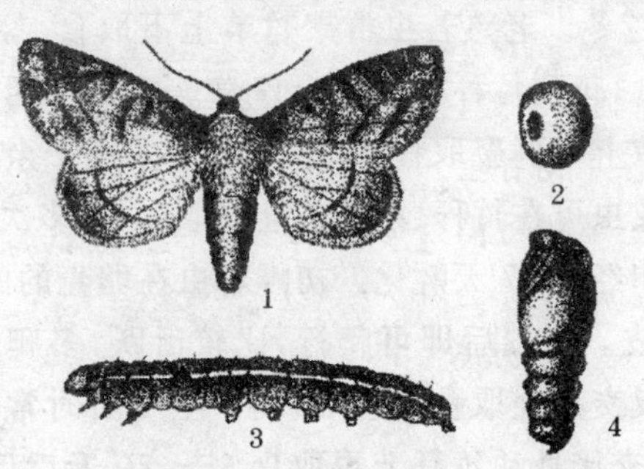

图 4-5　竹笋禾夜蛾

1. 成虫　2. 虫卵　3. 幼虫　4. 虫蛹

【生活习性】 竹笋禾夜蛾1年繁殖1代，以虫卵于禾本科杂草及枯叶中越冬，卵2月下旬孵化为幼虫，幼虫在杂草中蜕皮2～3次，3月底竹笋出土，2龄幼虫咬蛀笋尖小叶，3龄幼虫咬蛀竹笋后进入笋中为害。5月上中旬老熟幼虫钻出竹笋入疏松土中结茧化蛹，蛹期20～30天，6月上中旬羽化成虫，虫卵呈条状产在杂草叶面，草枯叶卷将虫卵裹起越冬。竹笋禾夜蛾危害轻重，主要与林地禾本科及莎草科杂草多少有关，地面杂草多的，竹笋的被害率可高达90%以上，没有杂草的竹林竹笋均不受害。

【防治措施】

(1)清除杂草和退笋　防治竹笋禾夜蛾，关键是清除虫源，阻止幼虫上笋，因为幼虫侵入竹笋内后防治困难。竹笋禾夜蛾产卵于杂草上，小幼虫以杂草为食。因此，清除杂草是防治该虫的主要措施。清除退笋，在出笋季节加强林内清查，及时挖除受害笋。

(2)及时挖掘退笋　对受害较轻的竹林，若及早挖除退笋，可减少虫口密度。竹笋受害初期尚可食用，受害严重的竹笋应深埋沤肥或捣毁，杀死竹笋内幼虫，降低翌年虫口密度。

(3)清除中间寄主　在秋冬季节施用除草剂或竹林复垦清除林地杂草，既可消灭草上的越冬卵，又切断了幼虫孵化后的食料，使之在出笋前饥饿而亡。化学除草可采用10%草甘膦水剂，每667平方米0.5千克地面喷雾，防治效果达90%以上。

(4)灯光诱蛾　6月份羽化成虫时，可用黑光灯诱杀成虫。

(5)药剂防治　对幼龄幼虫可喷洒50%乐果乳油1 500倍液，或20%氰戊菊酯乳油2 000倍液进行防治。

十、竹　蝗

【形态特征】 竹蝗又名蝗虫、蚱蜢，属直翅目蝗科，叶部害虫，是大面积危害竹子的主要害虫。我国危害竹子的蝗科害虫有20余种，其中以黄脊竹蝗危害最重。其他常见的有青脊竹蝗、异岐蔗蝗和短翅佛蝗。竹蝗除危害竹子外，还取食水稻、玉米等植物。大发生时，连绵百余里竹山一片枯黄，造成竹子生长不良或枯死。

【防治方法】

(1)前期防治　开展“三查”，即查卵、查跳蝻、查蝗。竹蝗大发生的危害性极大，跳蝻上大竹后防治较困难。因此，对其防治应立足于抑制竹蝗种群增长和大发生，一旦大发生，争取控制蝗害于跳蝻上竹之前。对成虫集中产卵的林地进行翻土处理，除卵，减少虫源。

(2)喷粉或喷雾　初孵跳蝻群集小竹、杂草上取食时，及时药剂防治，采用2.5%溴氰菊酯乳油超低容量喷雾，必须在跳蝻孵出后10天以内防治，必要时可在1周后重复喷药防治1次。此外，敌百虫粉、杀螟丹粉等均可使用。

(3)烟剂熏杀　跳蝻上大竹后，可每667平方米喷0.5～0.75千克敌敌畏烟剂防治。

第五章　无公害竹笋生产技术

甜竹笋本是天然无污染蔬菜，近几年来，随着集约经营程度的提高和高效栽培技术的推广，使竹笋产量迅速增加，由于竹笋生产片面追求产量和经济效益，在生产中超量和不合理施用化肥现象普遍存在。因此，无公害竹笋的生产越来越受到重视。

无公害竹笋生产主要分 3 个部分：一是产地环境，包括土壤环境质量、竹林灌溉水质量及大气环境质量，三者都必须达到生产无公害竹笋标准的要求；二是生产技术准则，即在生产过程中，化肥、农药的使用须按照标准执行；三是质量标准，对竹笋产品进行分级上市。

第一节　无公害竹笋生产环境要求

根据现代食品的要求，食品安全要从生产环境、生产培育过程、产品加工、产品销售的各个环节都把污染控制在允许范围内，实现“从土地到餐桌”的全程控制。竹笋品质、重金属含量、硝酸盐含量、农药残留量等，都不能超过标准的规定。为此，无公害竹笋标准对商品鲜笋(包括加工原料笋)生产的土壤环境质量、竹园灌溉水质量、空气环境质量 3 个主要环节进行规定。

一、土壤环境质量

(一)土壤环境质量要求　甜竹笋作为绿色食品，要求种植生产甜竹笋的土壤环境必须达到国家规定的标准。无公害竹笋产地附近没有污染源,土壤未被污染,土壤环境质量符合国家标准(土壤质量基本上对植物和环境不造成危害和污染,达到维护人类健康的限制值)以上的要求。另外,土壤 pH 值>7 的不作为无公害竹笋生产基地。

土壤环境质量要求参照绿色食品产地环境技术条件 NY/T 391—2000 的规定执行,绿色食品产地各种不同土壤中的各项污染物质含量不应超过中华人民共和国农业行业标准所列的限值。土壤中各项污染物的指标要求见表 5-1。

表 5-1　土壤中各项污染物的指标要求　(单位:毫克/千克)

项　目	旱　田			水　田		
pH 值	<6.5	6.5～7.5	>7.5	<6.5	6.5～7.5	>7.5
镉 ≤	0.30	0.30	0.40	0.30	0.30	0.40
汞 ≤	0.25	0.30	0.35	0.30	0.40	0.40
砷 ≤	25	20	20	20	20	15
铅 ≤	50	50	50	50	50	50
铬 ≤	120	120	120	120	120	120
铜 ≤	50	60	60	50	60	60

注:1. 果园土壤中的铜限量为旱田中的铜限量的 1 倍

2. 水旱轮作用的标准值,取严格要求的限值

(二)土壤肥力要求　为了促进生产者增施有机肥,提高土壤肥力,生产 AA 级绿色食品时,转化后的耕地土壤肥力要达到土壤肥力分级参考指标的 1～2 级指标。生产 A 级绿色食品时,土壤肥力作为参考指标见表 5-2。

表 5-2　土壤肥力分级参考指标

项　目	级　别	旱　地	水　田	菜　地	园　地
有机质，克/千克	Ⅰ	＞15	＞25	＞30	＞20
	Ⅱ	10～15	20～25	20～30	15～20
	Ⅲ	＜10	＜20	＜20	＜15
全氮，克/千克	Ⅰ	＞1.0	＞1.2	＞1.2	＞1.0
	Ⅱ	0.8～1.0	1.0～1.2	1.0～1.2	0.8～1.0
	Ⅲ	＜0.8	＜1.0	＜1.0	＜0.8
有效磷，毫克/千克	Ⅰ	＞10	＞15	＞40	＞10
	Ⅱ	5～10	10～15	20～40	5～10
	Ⅲ	＜5	＜10	＜20	＜5
有效钾，毫克/千克	Ⅰ	＞120	＞100	＞150	＞100
	Ⅱ	80～120	50～100	100～150	50～100
	Ⅲ	＜80	＜50	＜100	＜50
阳离子交换量，厘摩/千克	Ⅰ	＞20	＞20	＞20	＞15
	Ⅱ	15～20	15～20	15～20	15～20
	Ⅲ	＜15	＜15	＜15	＜15
质地	Ⅰ	轻壤土、中壤土	中壤土、重壤土	轻壤土	轻壤土
	Ⅱ	沙壤土、重壤土	沙壤土、轻黏土	沙壤土、中壤土	沙壤土、中壤土
	Ⅲ	沙土、黏土	沙土、黏土	沙土、黏土	沙土、黏土

二、灌溉水质量

(一)绿色食品产地灌溉水质要求　中华人民共和国农业行业标准的绿色食品产地环境技术条件 NY/T 391—2000 规

定，绿色食品产地农田灌溉水中各项污染物含量不应超过表5-3所列的指标要求。

表5-3　绿色食品产地灌溉水中各项污染物的指标要求

项　目	指　标
pH值	5.5～8.5
总汞，毫克/升	≤0.001
总镉，毫克/升	≤0.005
总砷，毫克/升	≤0.05
总铅，毫克/升	≤0.1
六价铬，毫克/升	≤0.1
氟化物，毫克/升	≤2.0
粪大肠菌群，个/升	≤10000

注：灌溉菜园用的地表水需要测粪大肠菌群

（二）竹林灌溉水质要求　无公害竹笋产地灌溉水未被污染，灌溉水中各项污染物含量不应超过GB 5084—92中有关部分的要求。竹林灌溉水质要求见表5-4。

表5-4　竹林灌溉水质要求

序　号	项　目	指标(毫克/升)
1	生化需氧量(BOD_5)	≤80
2	化学需氧量(COD_{Cr})	≤150
3	悬浮物	≤100
4	阴离子表面活性剂(LAS)	≤5.0
5	凯氏氮	≤30
6	总磷(以P计)	≤10
7	全盐量	≤1000
8	氯化物	≤250
9	硫化物	≤1.0
10	总汞	≤0.001
11	总镉	≤0.005

续表 5-4

序　号	项　目	指标(毫克/升)
12	总砷	≤0.05
13	铬(六价)	≤0.1
14	总铅	≤0.1
15	总铜	≤1.0
16	总锌	≤2.0
17	总硒	≤0.02
18	氟化物	≤3
19	氰化物	≤0.5
20	石油类	≤1.0
21	挥发酚	≤1.0
22	苯	≤2.5
23	三氯乙醛	≤0.5
24	丙烯醛	≤0.5
25	硼	≤1.0
26	粪大肠菌群数(个/升)	≤10000
27	蛔虫卵(个/升)	≤2

三、空气环境质量

无公害竹笋产地空气未被污染，空气中的二氧化硫、氟化物的含量不应超过 GB 9137—88 中等敏感作物要求。中华人民共和国农业行业标准绿色食品产地环境技术条件 NY/T 391—2000 的规定，绿色食品产地空气中各项污染物含量不应超过表 5-5 所列指标的要求。

表 5-5 空气中各项污染物的指标要求(标准状态)

项目	指标	
	日平均	1小时平均
总悬浮颗粒物(TSP),毫克/米^3	≤0.30	—
二氧化硫(SO_2),毫克/米^3	≤0.15	≤0.50
氮氧化物(NOX),毫克/米^3	≤0.10	≤0.15
氟化物(F),微克/米^3	≤7	≤20
	1.8 微克/分米^2·天(挂片法)	

注:1. 日平均指任何1日的平均指标;

2. 1小时平均指任何1小时的平均指标;

3. 连续采样3天,1日3次,早晨、中午和晚上各1次;

4. 氟化物采样可用动力采样滤膜法,可用石灰滤纸挂片法,分别按各自规定的指标执行,石灰滤纸挂片法放置7天

第二节 无公害竹笋生产技术

现代农业带来高效益的同时,也带来了化肥农药过量施用的后果,竹笋的污染问题也开始出现。竹笋质量安全问题也给竹笋生产和竹笋市场带来了不良后果,影响了竹产业的可持续发展。目前,国家尚缺乏无公害竹笋生产的国家标准和竹业标准。为了提高竹笋产品的品质安全性和市场竞争力,规范指导推动无公害竹笋标准化生产,发展高效益竹业,保障人民的身体健康,目前迫切需要依照科学管理来规范指导无公害竹笋生产。

一、园地管理

(一)产地管理 无公害竹笋产地环境技术条件包括空气环境质量、水质和土壤环境质量的各项指标。在选择优良环境产地的基础上,利用无公害甜竹笋丰产培育和栽培的科学技术,为标准化、规范化、规模化生产无公害竹笋绿色食品资源提供技术依托。选择和建立优良甜竹笋生产基地是竹笋有机食品生产质量控制的前提条件。绿色食品生产基地应选择在无污染和生态条件良好的地区,基地要求远离污染源,空气、土壤、水质质量要好,同时要摒弃病虫害高发地区。基地选点应远离工矿区、公路和铁路干线,避开工业和城市污染源的影响,同时绿色食品生产基地应具有可持续的生产能力。基地的营建应严格参照无公害食品的有关标准进行环境监测和评价。

无公害竹笋园的环境质量必须符合 DB 3302/T 39.1 的要求。同时要求土质疏松,土层厚度在 50 厘米以上,肥力中等以上,排水良好,山地竹林要求坡度在 30°以下。坡度在 25°以上的竹林采用沿等高线水平带开垦,开垦带的宽度不能超过保留带。在保留带内,保留自然植被不得开垦或消除,并加强水土保持,防止水土流失。应选择土壤、空气及灌溉用水均无污染的园区,且园区通风、日照及排水良好。无公害竹笋栽培园地控制杂草时不使用除草剂,杂草的控制以人工或机械除草,或以黑色塑料薄膜、稻草或其他材料覆盖,控制杂草的发生。

(二)竹丛管理 无公害竹笋园的竹丛管理主要是留养母竹和产笋与割笋的管理。竹笋是由所留母竹的地下茎萌芽生长而成,一般在冬季进行竹园整理时留足翌年生产竹笋所需的母竹的地下茎,并砍除多余的老茎。甜竹笋通常 2～3 年生母竹茎所生竹笋较多,所以应多留 2～3 年生母竹,但所留母竹的数量一般为 4～5 株,最多不超过 8 株。数量太多,消耗土壤养分且竹丛迅速扩大,使竹园通风不良,导致管理及采收不容易,且易发生病虫害。

二、合理灌溉

(一)灌溉用水 应符合 GB 5084—92,GB 3848—1996。

(二)浇水时间 甜竹笋每年浇水 3～4 次,第一次是地下茎生长的笋芽分化期的 2～3 月份,第二次是笋芽萌发至长成竹笋的 4～5 月份,第三至第四次视林地干燥程度而确定灌溉时间。坡地地面浇水的丛生竹林,为防止产笋期干旱,沿等高线水平沟浇水。

(三)浇水量 每次浇水量以土壤干燥程度及浇水间隔长短而定,一般要求每 667 平方米浇水量在 10～20 吨。提倡推广节水灌溉技术,在有条件的竹园应用喷灌、滴灌、渗灌等节水灌溉技术,以及应用抗旱保水剂技术。

三、安全施肥

施肥是无公害竹笋生产的关键因素。合理施肥,培肥地力,改善土壤环境,改进施肥技术,因土、因竹平衡协调施肥,以肥养地。特别是化肥的用量应加以控制,盲目使用化肥,将导致土壤中磷、钾的大量残留,使竹林退化,土壤盐化、板结,地力破坏,环境污染,竹笋品质下降,硝酸盐超标。因此,无公害竹笋生产应积极推广使用有关标准所许可的有机肥、生物肥、竹笋专用有机复合肥,控制无机化肥用量。农家肥及人畜粪肥,应腐熟后再使用,禁止使用含有害物质的垃圾污泥,如含有毒气、病原微生物、重金属等工业垃圾及未经处理的医院粪便垃圾。

甜竹笋为多年生经济作物,适宜在有机质含量较高的土壤栽培,而土壤有机质含量高可保存较多水分,增加土壤动物活动,使土壤通气良好,避免大雨过后土壤板结。无公害竹笋的栽培只施用少量化学肥料,其所需营养要素全部依靠有机肥料的供给,故有机肥料的种类、品质、施用数量、方式、时机等为鲜笋产量及品质的决定因素之一。一般甜竹笋园地要求施用大量有机肥料,其来源大都是农家肥,农户通过混合各种农家肥、堆肥,降低生产成本。堆肥用富含纤维质的蔗渣、淤泥、牛粪、蘑菇下脚料或其他农畜废弃资源为主要原料,混合富含养分之饼粕类或鸡粪经堆积、堆沤后腐熟而成。

栽培无公害竹笋提倡使用的农家肥种类见表5-6。

表5-6 栽培无公害竹笋提倡使用的农家肥

名　称	肥料来源
堆肥	用各类秸秆、落叶、人畜粪便堆积而成
沤肥	堆肥的原料在淹水条件下进行发酵而成
厩肥	用猪、羊、马、鸡、鸭等家畜、家禽的粪尿与秸秆垫料堆成
绿肥	用栽培或野生的绿色植物体的肥料
秸肥	作物秸秆
泥肥	未经污染的河泥、塘泥、沟泥
饼肥	菜籽饼、棉籽饼、芝麻饼、花生饼等
烧灰肥	焦泥灰、草木灰等

施肥一般于2～3月份施春季肥,用人粪尿或腐熟堆肥环状沟施。5～9月份施笋穴肥,用浓粪加水稀释后施入或用

复合肥施于笋穴后封土。12 月份施冬季促发肥,用腐熟堆肥或复合肥结合松土,环状沟施。

四、病虫害防治

甜竹笋是经济价值高、经营较集中的竹种,由于人们片面追求经济利益,实行无节制的采伐和挖笋,使竹林的生态环境遭到严重破坏,原有生态环境的破坏,给害虫大量发生提供了2 个生态方面的基础条件。第一,在原有的生态条件被破坏的情况下,相对稳定的食物链也被打破,更新后仍处发育阶段的竹林及其植被对害虫的拮抗能力在相当长的时期内仍很脆弱。这不仅为保留下来的害虫种类创造了再猖獗的有利条件,也为林木生态性病害的发生埋下了隐患。第二,大面积竹林竹种单一,在客观上给害虫和病原微生物创造了食物丰富、天敌稀少等害虫发生、流行的生态条件。

对竹林害虫开展综合防治很有必要,但防治虫害应改变传统注重林间施用化学农药的被动局面,无公害竹笋病虫害防治主要是营林技术防治、生物防治、物理防治和化学防治等。

(一)营林技术防治 通过人为地改造环境来影响寄主,从而间接作用于害虫,是对竹林害虫进行营林防治的基本思想。利用各项营林技术措施,达到抑制或减轻甜竹笋有害生物危害。害虫、寄主与其所处的环境有着相互依存、相互制约的辩证关系。竹林大部分是纯林,林分结构组成简单、林冠单层一致、林内草木稀少。这与其他林种区别较大,防治害虫时应特别注意保持竹林内生物的多样性,使之趋于稳定的生物群落,从而使目标害虫不能成灾或少成灾。

目前在竹笋虫害防治中,所采用的营林技术主要包括松土复垦、劈山、施肥、合理砍伐、及时更新和清理病虫次竹、退笋等方法，以提高整个竹林对主要害虫的忍受和自控能力，并创造一个对害虫生育不利的环境条件。如通过复垦改造土壤环境，不仅可以促进竹林生长、恢复长势，还可减少某些目标害虫的产卵场所和中间寄主，直接压低虫口密度，控制虫数，是其他防治所不可及的一项措施。适时施肥、浇水和优化竹林结构等营林措施，促进竹林(笋)生长，提高对有害生物的忍耐和抵抗能力。管护好竹林周边森林环境，丰富森林生物群落的物种资源，构成复杂的食物网链，稳定和促进生态系统的平衡；对笋用竹林、笋竹两用竹林，采取冬季复垦，夏季除草，破坏有害生物的越冬、过夏场所，降低有害生物种源总数；优化竹林结构，科学施肥、适时浇水，促进竹笋生长，提高竹笋生长能力，提高竹林对有害生物的抵抗和忍受能力；及时清理、清除病、虫危害的竹笋、枝、叶、秆和老弱残次竹，清除林内病虫源和传播源。如竹笋禾夜蛾常在林中禾本科、莎草科等杂草上越冬，翌年幼虫先取食杂草，再危害竹笋，因此除草是防治竹笋禾夜蛾的重要手段。利用50%百草枯水剂以及人工及时除草，竹笋的有虫株率可降低至5%以下。加强护笋养竹、合理留笋，增加母竹数量，以提高林地郁闭度和湿度，加强长势以减少受害率。及时清理病虫次竹和退笋、杂草，做到“一砍、二清、三烧”，可直接减少病害虫的侵染源，压低翌年虫口发生的基数。

总之，营林技术在竹林害虫综合防治中有着其他防治措施难以取代的基础作用。在害虫大发生前，它能压低虫口发生基数，提高竹林自身的自控力；在遭虫灾后能使竹林尽快恢复生机，减少损失，但应指出仅依靠一般营林措施并不足以改变害虫大发生的规律。营林技术防治必须协调虫情测报、生物、化学等其他防治措施时才能取得更好的防治效果。

(二)物理防治 利用物理方法消除或减轻竹林有害生物的危害，当虫口密度较高时，借助于人工捕杀对降低虫口密度有一定的作用。例如，对黄脊竹蝗的早期防治就可采用人工挖除卵块，针对某些具有假死性的害虫和一些易于识别的害虫，可在成虫盛发期组织人员进行人工捕捉。如一字竹笋象除可以直接进行捕捉外，也可在其产卵处上下方用刀轻剥笋壳，刺杀虫卵或幼虫。

利用害虫某些趋性进行诱杀，如利用害虫的趋光性、趋化性进行诱杀。利用害虫的潜伏习性，杀灭害虫。比如用高压触杀灯对竹织叶野螟成虫就有良好的效果。又如利用黄脊竹蝗嗜尿的特性，可将新鲜人尿 50 升加入 50％敌百虫可湿性粉剂 0.05～0.1 千克配制成人尿药剂，将其堆放在黄脊竹蝗较多的地方，每公顷数十堆，放于逆风地诱杀，晴天效果较好。利用害虫上竹的习性，设置阻隔带、阻隔环或毒药环捕杀害虫。还可利用其潜伏习性和假死性，进行机械或人工捕捉。

(三)生物防治 即利用天敌防治害虫和病害的方法。害虫的天敌有捕食性、寄生性及病原微生物。竹林内昆虫天敌资源极为丰富，捕食性天敌有鸟类、蟾蜍、蜘蛛、螳螂、蛉类、步甲、猎蝽、虎甲、蚂蚁等，捕食不同时期、不同年龄阶段的害虫，尤以蜘蛛、蚂蚁对害虫发生起一定的抑制作用。寄生性天敌有姬蜂、茧蜂等百余种，一般都对竹子害虫起抑制作用。以虫治虫。即保护和利用螳螂、瓢虫、草蛉、蚂蚁、食蚜蝇、猎蝽、蜘蛛等捕食性天敌和利用寄生蜂、寄生蝇等寄生于害虫的卵、幼虫、蛹，达到治虫和降低害虫危害的目的。以虫治虫也常采用人工繁殖释放天敌、引进天敌、填充寄生食物等方法。

微生物治虫与防病是利用某些微生物对害虫的致病或对病原菌的抑制作用防治病虫害的方法。保护和招引食虫鸟，鸟类能捕食螟虫、舟蛾等竹林中害虫的成虫。在竹林中应严禁捕杀益鸟，有条件的地方还可进行招引。使用微生物制剂对细菌、真菌、病毒、线虫等进行防治，不过，微生物制剂的使用要受到温度、湿度、酸碱性、虫龄和竹龄等因素的影响。

(四)化学防治 人工喷雾防治作为传统的防治方法，适于小竹林或观赏竹林害虫的防治。比如，竹笋禾夜蛾以幼虫蛀食竹笋，受害竹笋不能成竹，少数即使成竹，亦常断头折梢，竹秆干脆易断，若在出笋前后喷施80%敌百虫1 000倍液，连续喷2～3次，对杀虫保笋可起到良好的效果。化学防治不但可以导致害虫获得抗药性，而且由于化学药剂多为广谱性杀虫剂，大量杀死害虫的同时也大量杀死天敌，从而导致次要害虫转变为主要害虫，这种现象在竹子虫害防治中常有发生。20世纪80年代中期开始采用竹腔注射，将内吸药剂注入竹子基部竹腔内，利用竹腔内的吸收组织把各种内吸药剂运输到竹子体内各部位，待害虫取食摄入体内而将其杀死。此方法的优点在于农药不易流失、不挥发、利用率高、污染少、安全有效且不影响竹材材质和竹笋的食用价值，对天敌不产生毒害作用，是竹子虫害防治中应用较为理想的一种方法。经试验证明，采用40%的乐果等农药进行竹腔注射防治刚竹毒蛾，其防治效果达95%以上。

五、安全使用农药

无公害竹笋生产，在物理防治、生物防治无效的情况下，适当使用农药。根据竹林有害生物发生实际对症用药，因防治对象、农药性能以及对抗性程度不同而选用最合适的农药品种，依据防治指标适时防治，尽量减少农药使用次数和用药量以减少对竹林和环境的污染，产笋期出笋前半个月禁止使用农药。

无公害竹笋农药安全使用标准见表5-7。

表5-7　无公害竹笋农药安全使用标准

农药名称	防治对象	使用浓度
40%乐果乳油	竹蚜虫等	800～1000倍液
90%晶体敌百虫	3龄前小地老虎	1000倍液
20%氰戊菊酯乳油	跳甲、竹蚜虫、竹线盾蚧若虫	1000～2000倍液
2.5%功夫乳油	竹线盾蚧、竹蚜虫等	1000～2000倍液
2.5%溴氰菊酯乳油	地老虎、竹蚜虫、竹小蜂成虫	2000～3000倍液
40%毒丝本乳油	地下害虫、金针虫	1000～2000倍液
5%抑太保乳油	竹螟	1500～3000倍液
5%锐劲特悬浮剂	地老虎	3000～4000倍液
1%杀虫素乳油	红蜘蛛	3000倍液
敌马烟剂	竹蚜虫、竹小蜂成虫	1千克/667米^2
10%吡虫啉可湿性粉剂	竹蚜虫	2500～3000倍液
50%瑞毒锰锌可湿性粉剂	竹丛枝病、高节竹枯梢病	500倍液
64%杀毒矾可湿性粉剂	白粉病	500～600倍液
25%粉锈宁乳油	竹秆锈病、根腐病、丛枝病	2000～3000倍液
48%氟乐灵乳油	马唐、1年生禾本科及阔叶杂草	500～600倍液
50%杀草丹乳油	马唐、禾本科杂草、莎草科及1年生阔叶杂草	500～600倍液
60%去草胺乳油	马唐、禾本科杂草、莎草科及某些阔叶杂草	1200倍液
草甘膦(30%可溶性粉剂)	杂草	200～300倍液
草甘膦(10%水分散粒剂)	杂草	30～60倍液
草甘膦(41%水分散粒剂)	杂草	200～300倍液

防治地下害虫、施用农药应在采笋期结束后进行，防治叶、枝、秆病虫，应在采笋前1个月或产笋期结束后进行，禁止使用和混配化学合成的杀虫剂、杀菌剂、杀螨剂、除草剂。

竹笋生产禁止使用的高毒、高残留农药品种见表5-8。

表 5-8　甜竹笋林禁止使用农药

农药种类	农药名称	禁用原因
无机砷杀虫剂	砷酸钙	高毒
有机砷杀菌剂	甲基胂酸锌、甲基胂酸铵、福美甲胂、福美胂	高残留
有机锡杀菌剂	毒菌锡、三苯基醋锡、三苯基氯化锡、氯化锡	高残留、慢性毒性
有机汞杀菌剂	氯化乙基汞(西力生)、醋酸苯汞(赛力散)	剧毒、高残留
有机杂环类	敌枯双	致畸
氟制剂	氟化钙、氟化钠、氟化酸钠、氟乙酰胺、氟铝酸钠	剧毒、高残留、易药害
有机氯杀虫剂	DDT、六六六、林丹、艾氏剂、狄氏剂、五氯酚钠、硫丹	高残留
有机氯杀螨剂	三氯杀螨醇	工业品含有一定数量DDT
卤代烷类熏蒸杀虫剂	二溴乙烷、二溴丙烷、溴甲烷	致癌、致畸
有机磷杀虫剂	甲拌磷、乙拌磷、久效磷、对硫磷、甲基对硫磷、甲胺磷、氧化乐果、治螟磷、杀扑磷、水胺硫磷、磷胺、内吸磷、甲基异柳磷	剧毒、高残留
氨基甲酸酯杀虫剂	克百威(呋喃丹)、丁(丙)硫克百威、涕灭威	高毒
二甲基甲脒类杀虫剂	杀虫脒	慢性毒性、致癌
取代苯杀虫杀菌剂	五氯硝基苯、稻瘟醇(五氯苯甲醇)、苯菌灵(苯来特)	国外有致癌报道
二苯醚类除草剂	草枯醚	慢性毒性

六、产后配套技术

产后配套技术是无公害竹笋绿色食品生产的最终质量保障。采收和运输鲜笋要求做到清洁、整齐、防止破损腐烂，保持新鲜美观。产品加工技术是无公害竹笋绿色食品生产的产后配套技术核心，应在原有传统的加工工艺基础上引进加工操作全程无污染控制技术体系，要求加工区远离污染源，加工过程严格执行有机食品生产和加工技术规范，不得加入禁止使用的化学添加剂、化学色素、化学防腐剂等物质和基因工程技术。加工产品在产后包装、贮藏、运输和销售等环节中应遵循无公害绿色食品的有关标准，建立完整的质量检测、控制及跟踪体系，并通过绿色食品管理机构的认证，取得绿色食品标志，确保优质安全的无公害绿色食品产品投放国内外市场。

第六章　竹笋保鲜贮藏与加工技术

第一节　竹笋保鲜贮藏技术

鲜笋不仅可以作为蔬菜食用，还可加工成各种竹笋制品，是佐餐的美味佳品，也是绿色保健食品，已成为竹资源利用的一大支柱产业。甜竹笋产笋季节为夏秋季，产地集中，耐藏性差，采后不久便失水老化，失去食用价值。同时，竹笋的鲜笋含水率高，贮藏运输困难，在夏秋季常温下保鲜时间极短，一般为 24～48 小时，难以满足市场供应。产地农民甚至认为在割笋 12 小时后甜竹笋的品质鲜味便有所变化。因此，鲜笋采收后必须在短时间内进行保鲜处理或加工处理，才能满足国内外市场的需求。

竹笋保鲜贮藏关键技术一是防止细菌微生物侵染而导致腐烂变质，二是降低其生理活性，推迟呼吸高峰，避免因生理活动导致失水、组织结构老化，以达到保持竹笋的色、香、味、脆的保鲜贮藏目的。

一、竹笋保鲜

在采收竹笋时，鲜笋极易感染微生物，这是保鲜贮藏过程中竹笋腐败变质的主要原因。同时，因其创伤面较大，于采后约 5 小时内达到呼吸高峰，造成品质下降。一般反映影响甜竹笋保鲜效果的因素有笋的防腐性、色泽以及保鲜过程的失重率。其中笋的防腐性在影响保鲜的因素中最重要，笋的色泽次之,失重率最小。采用几种不同的保鲜剂,对竹笋的保鲜均有一定的效果。从保鲜机理上看,为了减缓竹笋在采后的成熟和衰老,首先要尽量控制贮藏环境中乙烯的生成。乙烯促进果实的呼吸强度与成熟衰老。从乙烯生物合成途径可知,提高二氧化碳浓度、降低氧气的浓度以及在不至于造成竹笋冷害和冻害的前提下,尽量降低贮藏温度,都可以抑制乙烯的生成和乙烯的生理活性。

(一)竹笋保鲜处理 竹笋是可食用的芽,作为竹子植物器官中生理活动最旺盛的部分,对其保鲜贮藏的措施要求较高。对竹笋保鲜贮藏的过程就是一个系统的工程,采取有控制的采收技术是其前提。据金川等报道,竹笋采收后,带壳笋离体 2 小时,呼吸强度为 47.38 毫克二氧化碳/(千克・小时),离体 5 小时后,达到呼吸高峰 277.84 毫克二氧化碳/(千克・小时),剥壳笋离体 2 小时,呼吸强度为 399.96 毫克二氧化碳/(千克・小时),离体 5 小时达 1 178.08 毫克二氧化碳/(千克・小时),在外观上可看到从创伤面开始软化腐烂。对竹笋采用去壳杀青、去壳生笋、带壳杀青、带壳生笋 4 种处理方式。处理时采用高温杀青,保鲜处理后 90 天抽样检查,保鲜结果以去壳杀青(热水处理)的保鲜效果为佳。与对照比较,去壳杀青的保鲜竹笋产品存放 90 天后,色泽、硬度、味道接近原笋,可食率增加,几种营养成分变化不大。主要营养成分分别为:粗纤维增加 0.03%、蛋白质减少 0.04%、总糖减少 0.05%,维生素 C 损失较多,比对照少 1.6 毫克/千克。几种保鲜处理结果见表 6-1。

(二)涂膜处理 就是在笋体的创伤面上涂上一层高分子的液态膜,干燥后形成一层薄而均匀的膜,液膜能在笋体的表面形成一层保护膜,阻碍笋体与外界的接触,可以降低笋体的

表 6-1 几种保鲜处理方式比较

处理	色泽	硬度	味道	可食率（%）	粗纤维（%）	蛋白质（%）	总糖（%）	维生素C（毫克/千克）
去壳杀青	淡黄色	硬	鲜嫩	97.2	0.51	2.37	1.73	2.8
去壳生笋	黄白色	软	异味	93.4	0.59	2.02	1.77	3.4
带壳杀青	黄色	硬	脆嫩	62.6	0.54	2.29	1.72	2.7
带壳生笋	黄色	软	异味	58.7	0.71	2.22	1.76	3.5
原笋CK	褐黄色	硬	鲜嫩	63.7	0.48	2.41	1.78	4.4

创伤呼吸，减少氧的进入及呼吸作用时产生二氧化碳的释放，减少营养物质的消耗，减缓竹笋营养品质的劣变，延长笋体的贮藏寿命。另外，液膜还能减少笋体水分蒸发失水，保持笋体新鲜饱满；同时可以减缓笋体的氧化褐变和减少微生物侵染所造成的腐烂，从而使笋体的外观和品质得到较好地保持。

目前，涂膜技术已广泛应用于果蔬的保鲜贮藏。徐金森在保鲜贮藏竹笋的研究中，以石蜡涂布伤口，结合其他方法，效果很好。涂膜材料很多，主要由疏水性物质、水、表面活性物质和水溶性高分子物质组成，经乳化分散加热灭菌制得。理想的涂膜材料应具有如下特点：有一定黏度，易于成膜；形成膜均匀、连续、具有良好的保鲜作用；无毒、可食、无异味。涂膜技术如应用不当，会对保鲜贮藏起相反的作用，如对环境消毒力度不够，或笋体带菌。

涂膜处理是竹笋去除外壳、笋体底部、根部后，在其表面涂上一层膜，以延缓竹笋的呼吸强度，从而减少体内营养成分的损失。主要涂膜种类有魔芋葡甘聚糖涂膜和壳聚糖涂膜。一般涂膜工艺流程为：挑选清洗—去除根部和底部、笋壳—杀青—涂膜—吹干—塑料包装—低温贮藏。

竹笋涂膜处理中，均涉及到杀青工艺，其主要目的是钝化竹笋的酶和杀死微生物。一般杀青温度越高、时间越长，钝化酶和抑制微生物越彻底。但长时间高温后，部分竹笋蒸熟，贮藏期间变软，引起竹笋汁液的流失，反而缩短竹笋贮藏期。因此杀青的温度和时间应随竹笋品种而不同，一般杀青温度为50℃～60℃。

(三)杀菌剂保鲜 因竹笋的采收作业粗放，微生物侵染的机会比其他果蔬更多，所以在竹笋的保鲜贮运过程中使用杀菌剂是必不可少的。防腐防霉试剂的选择原则，首先，必须针对采后发生的特定病害种类，所以对采后笋腐败的主要病菌要进行分离鉴定；其次，所选择试剂的使用残留量必须符合食品卫生的要求。

防腐防霉试剂包括山梨酸类、乳酸、柠檬酸等，其溶液在一定的 pH 值下，能较好地遏制细菌繁殖。据林业部竹子研究开发中心丁兴萃等的试验结果，以山梨酸钾 800 毫克/千克＋乳酸 3 500 毫克/千克＋柠檬酸 1 750 毫克/千克为保鲜剂，对熟笋保鲜效果很好。利用二氧化硫及二氧化碳能抑制微生物和酶的活性、控制采后果蔬不易腐烂的特性，加入能释放二氧化硫和二氧化碳的化学试剂，如亚硫酸钠和碳酸氢钠等，释放出的二氧化碳、二氧化硫增加包装袋内的压力，减少氧气的浓度，从而达到抑制竹笋呼吸强度的效果，达到保鲜的目的。另外，采用安喜培和亚硫酸钠配制的固体熏蒸剂，可明显地抑制竹笋活体的呼吸作用，减缓纤维素的增加，保鲜期可达 30 天以上。夹放氧化钙或活性炭是日本鲜笋保鲜的常用方法之一，防腐效果较好，失重率较小，但在色泽保持上效果较差。

(四)低温冷藏 每种果蔬均有其适宜贮藏温度，即贮藏适温。对竹笋而言,贮藏适温是指采后笋体的生理活性降低到最低限度而又不致引起生理失调的温度。适当的降温可有效地降低竹笋体内的呼吸强度,延缓呼吸高峰的出现,明显地推迟竹笋体内蛋白质、脂肪、淀粉等物质的分解。苏云中在1℃±0.5℃温度条件下结合其他方法贮藏竹笋可达50～80天;刘耀荣于1℃恒温库中结合速冻－18℃,使竹笋的贮藏期可达3个月。

低温处理是延缓生理活性的技术,在竹笋的保鲜贮藏过程中,能延缓鲜笋的生理活性,可推迟其呼吸高峰的形成,减少促进呼吸的乙烯形成,避免高强度的创伤呼吸所造成的笋体纤维化,避免因呼吸热导致贮藏环境温度升高,而使微生物孳生。低温冷藏方法是将处理后的竹笋放入透气的塑料筐中,放置于冷库内,温度一般控制在3℃～6℃,相对湿度为85%～90%。工艺流程为:原料挑选—剥壳—清水清洗—切成1厘米厚片—笋片经杀菌液杀菌—笋片经过保鲜液—沥干—气调包装—成品—冷藏。

(五)薄膜袋包装 利用聚乙烯薄膜包装的竹笋,薄膜起到保持竹笋贮藏环境的湿度及气体成分的相对稳定。这对竹笋贮藏保鲜也起着积极的作用,保持包装内部较高的相对湿度,使内含物失水较少,同时可对竹笋的贮藏环境起到一定的自发气调作用,从而延缓笋体的老化。

常用塑料薄膜袋包装处理过的鲜笋块,然后密封保存,对竹笋的保鲜贮藏有一定的作用。处理过的鲜笋块也可采用真空密封包装。真空保鲜笋的基本工艺为:原料—剥壳—纵切—杀青—漂洗—浸液—装袋—抽气—封口—灭菌—入箱。

但这种包装容易导致竹笋出现无氧呼吸而品质下降,因此常采用与其他方法相结合的方法,如低温贮藏、包装袋内加入能释放二氧化硫和二氧化碳的固体缓冲释放剂、活性炭等。

(六)笋片保鲜 鲜笋在采收、运输等过程中会带有大量的腐败性微生物，为了减少鲜笋上附着的微生物数量，必须进行杀菌处理，工艺流程为：原料挑选—剥壳—清水清洗—切成1厘米厚片—笋片经杀菌液处理 —笋片经保鲜液处理—沥干—气调包装—成品—冷藏。

将笋片在一定浓度的过氧化氢(H_2O_2)溶液中浸泡一定时间后取出沥干，使笋片表面的细菌总数下降，减缓细菌在贮藏过程中的繁殖量。过氧化氢能够释放出强氧化性的活性氧原子，利用其强氧化性能够杀死食品表面附着的微生物，有效降低笋块表面的微生物总数。但是，强氧化性的氧原子对食品中的酚类物质具有很强的氧化性，容易使食品变褐。故过氧化氢溶液预处理的实际条件为：H_2O_2 体积百分数为 5%，H_2O_2 溶液温度为 35℃，浸泡时间为 10 分钟。将切片笋用 5%的 H_2O_2 溶液在 35℃下浸渍 10 分钟，再在保鲜液(其具体成分分别为，苯甲酸钠 0.5 克/升，维生素 C 0.1 克/升，亚硫酸钠 0.1 克/升)中浸泡。用柠檬酸将保鲜液的 pH 值调至 4，浸泡后的笋块用 12%氧气加 4%二氧化碳的混合气体气调包装。4℃条件下低温贮藏时可放置 1 周以上。实践证明，笋片只用过氧化氢溶液处理而不采用气调包装并不能防止加工竹笋的微生物繁殖和酶促褐变，必须进一步使用含有苯甲酸钠、维生素 C、亚硫酸钠的保鲜液处理和气调包装等措施。

二、竹笋贮藏

(一)贮藏方法

1. 沙藏法 沙藏法是民间常用贮藏竹笋的方法。贮藏量大时可选择清凉、通风的室内的空地堆放，可用竹箩、木筐等容器贮存。其方法大体相同。

先在贮藏室或竹箩、筐底部铺垫一层干净黄沙，厚16.5厘米左右，黄沙湿度以含水量60%～70%为宜（捏之能成团，落地能散开），其上竖排一层鲜笋，笋尖朝上。排放好后，在鲜笋的间隙再用黄沙填满，笋上部撒黄沙，盖没笋尖，沙上覆盖一层塑料薄膜。竹箩、筐贮存的应置清凉无风处。在贮藏期中，需定期检查，发现霉烂变质的笋，及时剔除，以防互相感染。此法可贮存冬笋30～50天，最长可达2个多月。

2. *封藏法*　将竹笋放入酒坛陶罐或水缸内，容器口用双层塑料薄膜覆盖扎紧，放于室内阴凉处。此法可保鲜20～30天。

3. *冷藏法*　将竹笋贮藏在0℃～3℃和90%～95%相对湿度条件下。采取聚乙烯袋包封，并用多菌灵500倍液或托布津500倍液防腐，贮藏40天后基本上没有失重和腐烂，并保持了良好的商品外观和肉质。春笋的贮藏条件与此相同，贮藏28天后，外壳无霉变，笋肉新鲜；用多菌灵和托布津进行防腐处理的，贮藏38天后，仍表现良好。

4. *蒸制法*　将笋洗净，大笋对半剖开，放入蒸汽锅中蒸熟，或放于清水锅中煮至5～6成熟时捞起，摊放于竹篮子中，挂通风处，可保存1～2周。此法适用于损伤的笋体贮藏之用。

（二）贮藏期容易出现的质量问题

1. *鲜笋质量下降*　竹笋采摘后，由于其活体内仍然有一定的生理活动，生长酶促进竹笋继续生长而消耗其含有的部分养分，在苯丙氨酸解氨酶的作用下会形成木质素，特别是在竹笋的根部，很容易形成木质纤维。

竹笋在贮藏期内，体内生理活动仍然进行，水分、总糖减少，而纤维素逐渐增加，导致竹笋营养品质降低，可食率下降，制约了竹笋的保质期。

2. 鲜笋变色

(1)竹笋变黑　竹笋采后开始变黄，慢慢转为灰黑色，最后变为黑色，并伴有发热现象。主要是由于竹笋中酪氨酸在氧化基质和多种酶类的作用下引起酶褐变，另外微生物的污染，也使竹笋发生变色，腐烂。

(2)竹笋颜色变成灰黄色　竹笋采后由于微生物的污染，主要是酵母菌的污染，使竹笋发酵，变成灰黄色，同时竹笋变软并产生酸味。

(3)竹笋变深黄色　竹笋变深黄色主要是在杀青时，由于时间和酸碱度控制不好，即杀青时间过长，pH 值偏高所致。有的竹笋在杀青时，时间和酸碱度控制得很好，但仍然出现深黄色，发生原因可能是竹笋感染上了病虫害。

第二节　竹笋加工技术

随着人民生活水平的不断提高，科学技术的不断深入及竹笋加工业的发展，开发各种易保存、便于携带、食用方便、适合不同社会习惯和口味的袋装竹笋制品、罐装竹笋制品、旅游竹笋制品，尤其是符合各地生活习惯、不含合成化学添加剂的纯天然竹笋制品深受消费者的青睐。因此，甜竹笋的加工显得更加重要，开发竹笋加工产品既可满足人们快节奏生活及旅游业发展的需要，也可成为出口创汇的特色产品，增加竹农财富和创汇渠道。

甜竹笋的加工产品大体上可分笋干产品、腌制产品及罐藏产品 3 类。①笋干产品：即通过烘、烤、晒等方法，使鲜笋脱水,制成干品。如笋干、菜笋、笋衣、笋片、笋丝干等。②腌制产品:即通过盐腌或乳酸发酵等方法,将原料制成腌制品。如酸笋、腌笋和辣味笋等。③罐藏产品:即将鲜笋切块(片、条),蒸煮,装罐(或瓶)高温杀菌、密封,制成竹笋罐头。如油焖笋、糖醋笋、清水竹笋等。

一、笋干加工

(一)笋干加工方法

1. 笋干加工　笋干加工生产工艺流程为:采笋—去壳—煮笋—漂洗—脱水—烘晒—包装—贮藏。

(1)采笋　采收的鲜笋一般要求当天全部去壳剥净,竹笋不仅要及时采收,采下的鲜笋也要立即送进加工厂加工,以免霉烂变质和老化。特殊情况下可放宽至采收后 2～3 天内去壳,但要求笋体干净和无污染,无霉变,笋壳鲜亮,无干瘪等。竹笋初加工一般均在厂内设立脱壳、煮笋和干燥 3 个车间。

(2)去壳　采收的竹笋必须当天全部去壳、剥净笋壳、煮熟,否则竹笋将老化,降低质量。去壳是用小刀,在竹笋的一侧从笋梢上部往下削一刀,要求不包脚、不伤笋肉。然后用右手捏住笋梢的笋壳,笋梢切口朝上,未削一面靠近食指,大拇指和食指轻扶竹笋下端,沿着右手食指旋转,把笋壳剥下。要求笋节部不留残壳,笋梢留住嫩笋衣。最后削去竹笋的蒲头,修干净根芽点,并用清水洗净。去壳割开笋壳时,1 人剖,2 人剥,剥净笋壳,但不能削掉笋肉,每人每小时可剥 50～60 千克。这道工序要熟练操作,才能既快速,又保质保量。

(3)煮笋　也叫杀青。即通过高温处理,杀死笋肉细胞及其中的生物酶,防止鲜笋老化,有利于脱水干燥。杀青时可使用大的铁锅煮笋。当天去壳,当天烧煮,最多不超过 24 小时,煮笋铁锅直径约 1 米。加入清水，平铺笋肉于其中，层层加盐，煮沸。加盐量要适当，如加得太多，色泽虽好，但笋的食味过咸；反之，则笋味好，笋色差。一般每 100 千克鲜笋可加食盐 3 千克左右。煮笋时要用旺火，到蒸汽冒出时，还得在沸水中翻拌 1 次，以便笋体熟透，盐分均匀。到第二次蒸汽冒出，笋肉色泽新鲜略带黄绿，即可取出。第一锅竹笋需要煮 6～7 小时，但煮笋 3～4 小时后需要进行翻锅，把下边的笋翻到上面，继续再煮。煮第二锅笋，仅需 4～5 个小时，加盐量也随之减少，避免过咸。经连续煮熟 2 锅后，就得重新换水加盐，以免笋干发黑。煮笋要求煮得既不生又不烂。在蒸煮过程中，要特别注意锅内竹笋要塞实，以便汤料上涌，使上层鲜笋同时煮熟，否则会生熟不均匀。未熟竹笋制成的笋干表面变红，食之软而无味。待出锅后，捞净剩余的短笋、碎笋和竹笋衣，然后加水再煮第二锅。

鉴别竹笋是否熟透的方法是，笋肉由白色或青色转变为黄白色，看去油光滑润；笋衣变软。竹笋的蒲头的根芽点由红色变蓝，选择大笋，用针插入其笋节间时内有热气冒出，并有“噗噗”之声，表明笋已经熟透，可以出锅。

(4)漂洗　将出锅的竹笋放入木桶中漂洗，经水漂洗后捞起，用铁钎把笋节戳穿，让竹笋内部热气渗出。然后转入第二桶内冷却，再放入第三只桶内，使其冷却 1 夜。务必使竹笋凉透，否则带热上榨易发酵霉烂。

漂洗冷却时应注意，水要经常流动更换，散发热量越快越好，因而每桶放热笋的量不宜过多，以免换水不及时，使制成的笋干表面产生一层“白霜”。如有条件也可检验竹笋是否凉透，可选较大的笋，将蒲头切开，用手试竹笋内部是否有微温。

(5)烘晒　笋干烘晒过程必须严格管理，因为它直接影响成品的质量与商品价值。烘晒方法有晒干和烘干 2 种,操作方法各有不同。

晒干法:必须选择天气干燥、阳光强烈的日子,一般选择连续晴天晒笋较为适宜。晒笋干前还要准备好防雨设施,然后把压扁的笋取出,不洗涤,即一片片摊晒在篾垫上,至翌日中午将笋翻身,此后每天中午将笋翻身 1 次,约在第五天笋干已晒成五成干时,晚上要将笋干收进屋内叠好压平,白天继续晒,直到 10 多天后,笋干已有九成干时,将其收进叠好,用木板压上放 2～3 天后,再晒 3～5 天就可使笋干完全晒干。晒笋干期间如遇上连续三四天阴雨,即应抓紧进行烘烤,不然笋干会变质霉烂。检查笋干是否晒干,可将较大的笋体切开,看中间笋节稍带的红色是否消除,如笋干颜色均匀,表示已晒干,否则就表示不干燥。

烘干法:一般在日照短、柴炭较多的地方采用。此法把握性大,能确保质量,比晒干法好,但成本较高。烘干竹笋时,将煮熟的笋肉捞出,洗涤干净,沥去水分,将大笋、小笋分别穿成一串,笋和笋之间相距 6～8 厘米,然后搁在预先准备好的架上,晾干水分。然后将笋平放在烘炕内的帘子上,将大笋放在高温处,小笋放在温度略低的地方,使之干燥均匀。竹笋放好后,一边在下面生火烘干,一边不断用手翻拌揉搓,使之受热均匀。待烘到一定程度后再移至文火上继续烘烤,一般在炭火上烘烤 5～6 小时已有五成干,应加炭 1 次,以后每隔4～5 小时加炭 1 次,并且炭火间的门要打开,促使热气上升,给上层增温烘笋。待烘到七八成干后,再拣出,放在上面搁架连续烘干为止,一般笋筐烘 500 千克干笋需 5～6 昼夜。烘烤的关键在于严格掌握火候,竹笋刚放入筐内 1～2 小时,火力一定要控制好,温度不能过低,否则烘出的笋干发黑。如烘烤过头，笋干失去清鲜而产生焦味；如烘烤不足，则不能久藏，煮汤时汤汁浑浊不清。只有掌握好火候，才能制出青脆、鲜亮、鲜美的笋干。经烘干的笋干，一般用手指触摸笋体较厚部分，如全部坚硬，表示已干燥，若有较软处就未干透。竹笋尚未十分干透的不能贮存，以免变质霉烂。

(6)笋干包装　笋干含有蛋白质、氨基酸、脂肪、糖、钙、磷、铁等营养成分，在香港、澳门和日本、东南亚各地颇受欢迎。笋干的包装，目前大多改用食品袋(塑料薄膜袋)包装。包装之前先进行分级，再分装入袋，每袋 0.5 千克、1 千克或 2.5 千克。此法简单易行，但产品一定要充分干燥，否则易发霉变质。

小笋干的加工工艺为：①去壳。采收的鲜笋一般要求当天全部去壳剥净，特殊情况下可放宽至采收后 2～3 天内去壳，但要求笋体无霉变，笋壳鲜亮，无干瘪等。去壳时不留残壳，允许笋梢上有少量的笋衣，并用清水洗净。②蒸煮。当天去壳，当天烧煮，用双层蒸汽锅蒸煮，最多不超过 24 小时；加盐量≤10%；旺火烧煮至蒸汽直冲后约 0.5～1 小时，使笋肉色泽新鲜略带黄绿，即可起锅，每煮 2～3 锅笋换水 1 次。③漂洗。经煮熟的笋体从锅里捞出后，放入水池中，经流水漂洗。④烘烤。初步脱水是放在压榨机内压榨 0.5～1 小时，至以手紧捏笋肉无水滴出；烘烤的温度为 60℃～90℃，烘烤过程为 11 小时左右，烘烤的初始温度稍高，3～4 小时后温度可低些，但要均匀，烘干后的笋干要求色泽黄亮，无焦味；笋干烘烤后，平摊在干净、干燥、通风的室内自然冷却。

小笋干的晒干法：日晒约 10 天，晒至九成干时，放 2～3 天，让其回潮再晒 3～5 天。分级包装：合格产品按产品标准要求分好等级，计量包装，封口严密，整齐美观。

2. 笋衣加工　笋衣是用包裹在笋肉外面的叶壳基的柔嫩部分制成，其味鲜美，质柔嫩，食用价值不亚于笋尖。笋衣的加工方法比较简单，即将鲜笋去壳，剥下笋衣，放入蒸笼内蒸熟，再均匀地摊置在竹帘上晒干即成，如遇连续阴雨天气，则需用文火烘干。

3. 笋片加工　将鲜笋剥壳，洗净，用切片机或手工刀将新鲜笋肉切成笋片，笋片要求长 30 厘米、宽 12 厘米，每片重约 0.1 千克。其加工产品有淡笋片（白片）和加料笋片 2 类。加工方法如下。

(1)淡笋片　将鲜笋剥壳，洗净，切片，放在清水锅中煮熟，再转入冷水中漂洗 8～10 小时，捞出晒干或烘干即成。

(2)加料笋片　其中因添加的配料不同，又有咸笋片、酸辣笋片、干菜笋片等。咸笋片的加工方法是：将鲜笋剥壳，洗净，切片，放入盐水锅中煮熟，每 100 千克鲜笋肉加食盐 1.5 千克。煮笋片时先用旺火煮开，然后改用文火，直到将笋水煮干，起锅晒干或烘干即成。由于咸笋片吸附着盐分，容易回潮，贮藏时需十分注意密封、防潮。如在烧煮时添加适量的茴香、辣椒、香醋等配料，则可制成黄豆笋片和干菜笋片。

(3)发酵笋干　发酵笋干加工工艺流程为：竹笋—选料—剥壳—切笋—蒸煮—发酵—干燥—分级包装—发酵笋干。

将鲜笋剥壳，洗净，用切片机或手工刀切成长 6 厘米、宽 1 厘米的长条，即为笋丝，每 100 千克加食盐 1.5 千克，放入水锅中蒸煮约 1 小时。把煮后的笋丝连笋带水放入发酵缸内，层层装满后，表面用塑料薄膜密封，然后上面用石块或细沙袋压实。发酵时间最少 10 天，也有放置半年之久的。待晴天取出发酵后的笋丝，平铺在竹晒垫上暴晒，使水分蒸发，通常晒4～5天，色泽转变为黄褐色而略带透明时即可贮藏。在暴晒过程中，若遇雨天，可将笋干移入室内通风处风干或用炭火烘烤。

4. 笋蓉加工　鲜笋加工产生一些次品料，在以往的加工中大都是弃之不用，利用这些次品料可生产美味可口的笋蓉产品。

笋蓉的加工工艺流程为：原料—漂洗—打浆—配料—熬煮—加酸加糖—装瓶—封盖—杀菌—冷却—检验—成品。

原料漂洗是把竹笋加工的次品料漂洗干净；然后先放入原料，再加入少量的水，用高速植物粉碎机打浆；在打浆后的笋浆中加入20%的糖软化10分钟配料；用大火迅速烧至沸腾，再用文火浓缩，边加热边搅拌，到固形物达67%～69%时为止；取0.4%的柠檬酸，加少量水制成溶液，加入浓缩的笋蓉中，搅拌均匀，加热到沸腾，然后趁热装瓶，装瓶要快，温度不能低于85℃，迅速加盖拧紧，加盖时手指不要触及瓶盖的内表面，然后在沸水中杀菌15～18分钟，用80℃、60℃、40℃温水分段冷却，即可套袋装箱。

笋蓉要求色泽茶褐色，竹笋味微，甜中带酸。水分含量75.9%，食盐含量2.9%，食糖含量1%；重金属含量：砷＜0.5毫克/千克，铅＜0.1毫克/千克，铜＜0.1毫克/千克。无致病菌及微生物作用引起的腐败现象。

(二)笋干加工质量要求

1. 感官指标　竹笋干呈黄色、淡黄色、黄褐色、青黄色或红褐色，色泽基本一致；具有笋干特有的香气，口感清鲜爽口，无苦涩味等异味；大小基本一致，形态基本完整；无肉眼可见的霉点，无外来杂质。

2. 含水量　竹笋干的含水量≤25%。

3. 盐分　以氯化钠(NaCl)计≤15%。

4. 安全指标　应符合表6-2无公害食品竹笋干安全指标的规定。

表6-2　无公害食品竹笋干安全指标

序号	项目	指标
1	砷(以As计)，毫克/千克	≤0.5
2	铅(以Pb计)，毫克/千克	≤0.2
3	亚硝酸盐(以$NaNO_2$计)，毫克/千克	≤20
4	二氧化硫(以SO_2计)，毫克/千克	≤100
5	氯氰菊酯，毫克/千克	≤1.0
6	氰戊菊酯，毫克/千克	≤0.2
7	三唑酮，毫克/千克	≤0.2
8	毒死蜱，毫克/千克	≤1.0
9	霉菌，个/克	≤50

二、竹笋腌制

(一)腌笋　主要用小竹笋为原料制成。将鲜笋剥壳、切根、洗净、煮沸，每100千克笋肉加食盐1.5～2.5千克，充分拌匀，装入缸中，腌半个月左右即成。

(二)腌笋丝　将鲜笋剥壳，切根洗净，刨成丝，每100千克鲜笋加食盐1.5～2.5千克，充分拌匀和搓揉后装入缸中压实，过4～5天即有水流出，不断沥去水分，直至水流尽即成。

(三)酸笋　主要用小竹笋为原料制成。将鲜笋剥壳，切根洗净，煮3～4小时后取出沥干水分，装入缸中压实，密封静置1个月左右即成。

(四)辣味笋　主要用鲜笋为原料制成。将鲜笋剥壳，切除老根，洗净，在沸水锅中煮透，捞出，沥尽多余水分，晾干，压入缸内，每 100 千克鲜笋添加食盐 6 千克，压一层笋肉撒一层盐，层层相间，压实，10 天左右即腌制成熟。然后取出，切成笋条，按鲜笋 100 千克、辣椒粉 1 千克、白酒 0.5 千克、味精和蒜末少量的配方拌料即成。

(五)酱青笋　主要用鲜笋为原料制成。将鲜笋剥壳，除去老头，洗净，切成花衣状，每 100 千克原料加盐 3 千克，拌匀，腌 4～5 小时，然后捞出，挤干表面盐水。再将酱油、食盐、白糖、凉开水(每 100 千克鲜笋分别添加 70 千克、2 千克、8 千克和 3 千克)倒在缸内拌匀，将腌好的笋浸入其中，经 7 天即可取食。

三、竹笋罐头加工

(一)清水竹笋　清水竹笋也叫水煮笋，系用鲜笋加工而成的笋罐头。清水竹笋罐头主要作为出口产品，主销日本。

1. *加工方法*　水煮笋加工工艺流程为：竹笋—洗涤—水煮杀青—整修分级—冷却漂洗—分选装罐—注水—排气—封口—杀菌—冷却—成品笋罐头贮藏。

将鲜笋剥壳、洗净、纵向切开，保留笋尖和嫩笋衣，按大小分级投入沸水中进行预煮。大型竹笋需预煮 60～70 分钟，中型竹笋预煮 50～60 分钟，小型竹笋预煮 40～50 分钟。如不进行复煮，则预煮的时间需延长 10～20 分钟。预煮完成后随即进行强冷却(用流动冷水漂洗，每 2～3 小时换水 1 次，共漂洗 16～24 小时)，然后进行修整，竹笋老头切掉，修净笋衣，削去伤疤，基部削平，不露空洞。修整之后再进行复煮，大型竹笋在沸水中复煮 15～20 分钟，中小型竹笋复煮 10～15 分钟，煮后水洗 1 次，及时装罐，可以整个装罐，也可以切成 7.5～10 厘米长的竹笋段，或将竹笋切成长 4～4.5 厘米、宽 2 厘米、厚 0.2～0.4 厘米的笋片，装袋。汤汁由沸水加 0.05%～0.08%的柠檬酸制成，注入罐内时的温度应不低于 85℃。然后经排气、密封、高温杀菌(116℃，杀菌 1 小时) 冷却即成。

竹笋成品规格的要求是笋体长度与切口直径之比为 2.5∶1。一般情况下，每 100 千克原料笋，可制成水煮笋 44～45 千克。

2. 清水竹笋罐头　清水竹笋罐头的感官性能，应符合表 6-3 的要求。

(二)油闷笋　加工方法是：将鲜笋去壳(留下嫩笋衣)，洗净，切成长 5.6～6.5 厘米、宽 1.2～1.5 厘米的竹笋条，在流水中淘洗 1 次，沥干，按以下配方拌入配料。

竹笋条 100 千克，酱油 11.3 千克，熟食用油(即食用油经 180℃高温 10 分钟去味)9.3 千克，酱色液 0.4 千克，砂糖 2.5 千克，食盐 0.84 千克，味精 0.05 千克，清水 100 升。

将食盐、酱油、酱色液，加入部分清水(用量在配方中扣除)与竹笋条拌匀，放入夹层锅中煮沸，焖 40～50 分钟后，出锅。再加入熟食用油，加盖焖 10 分钟后出锅，滤去汤汁，加入味精，装罐。大罐型还需加防腐剂，充分搅匀，排气，中心温度需达 70℃以上，密封，杀菌。397 克容量的罐头，杀菌温度为 118℃，杀菌时间为 80 分钟，再经冷却即成。

(三)竹笋软包装　将水煮笋、油焖笋、糖醋笋、笋丝或笋片等笋制品用塑料袋包装，经杀菌后长久保存。这样可降低包装成本，食用又方便，是很有发展前途的竹笋加工方向。其加工工艺如下。

表 6-3 感官性能

项目	优级品	一级品	合格品
色泽	笋肉呈乳白色或淡黄色，有光泽，汤汁清晰，允许有少量白色析出物	笋肉呈黄色，稍有光泽，汤汁较清，允许稍有笋衣碎屑和白色析出物	笋肉呈黄色或灰白色，汤汁尚清，允许有笋衣碎屑和白色析出物
滋味、气味	具有清水竹笋罐头浓郁的滋味及气味，无异味	具有清水竹笋罐头良好的滋味及气味，无异味	具有清水竹笋罐头应有的滋味及气味，无异味
组织形态	整装：笋鲜嫩，笋尖、笋节完整无缺，外部呈宝塔形，同一罐内大小较一致 混装：笋鲜嫩，笋节完整 片装：切面较光滑，形态近似长方形，切削较平整，同一罐内厚薄、大小较一致 丝装：同一罐内的笋丝长短、粗细较一致 丁装：笋肉呈约 1000 立方毫米的小立方体，同一罐内大小较一致	整装：笋较鲜嫩、完整，允许稍有损伤及约 10 毫米的轻度拔节，同一罐内大小大致一致 混装：笋较鲜嫩，笋节完整，允许有约 10 毫米的轻度拔节 片装：切面基本光滑，形态近似长方形，切削基本平整，同一罐内厚薄、大小基本一致 丝装：同一罐内的笋丝长短、粗细基本一致 丁装：笋肉呈约 1200 立方毫米的小立方体，同一罐内大小基本一致	整装：笋尚嫩、完整，无明显粗纤维，允许有损伤及拔节，同一罐内大小尚一致 混装：笋尚嫩，笋节完整，允许有较大拔节 片装：切面尚光滑，形态近似长方形，基本规则，厚薄尚一致，切削尚平整 丝装：同一罐内的笋丝长短、粗细尚均匀 丁装：笋肉呈约 1500 立方毫米的小立方体，同一罐内大小基本一致

1. 原料准备

(1)水煮笋　采用新鲜、完好、无机械伤、无病虫害的鲜笋。将笋清洗干净,切掉笋根及不可食部分,除去笋衣,按笋大、中、小分为3级;一般采用沸水蒸煮,大竹笋煮50～80分钟,小竹笋煮45～55分钟,以煮透为度。出锅后常用冷水急速冷却,以流动水漂洗16～24小时,用盐酸或柠檬酸调节漂洗水的pH值为4.2～4.5,冷却后笋肉中心温度要低于30℃。盐水保鲜的竹笋要漂洗12～24小时,漂洗至竹笋无咸味为止。除去笋中变色、粗老部分及机械伤斑,并根据产品规格要求,将笋对半切。

(2)油焖竹笋　将切成5.6～6.5厘米长、1.2～1.5厘米宽的竹笋条。在流动水中淘洗1次,沥干水分(若原料为龙须笋则需在沸水中煮5分钟脱苦)。

2. 装袋　这是竹笋软包装生产中关键的一环。装袋室保持无尘、无菌,食品钳、盘秤和容器都要经过严格的消毒。操作人员穿工作服、更换鞋子后方能进入装袋室。

竹笋软包装一般有250克、400克或500克3种规格,采用复合塑料袋或高温杀菌复合薄膜袋。装袋时要称足重量,对调味笋类应避免封边区受到残留液滴的污染。

将修整好的原料用0.08～0.1毫米厚聚乙烯袋装袋,同一聚乙烯袋内的笋规格必须一致,最后注入汤汁,汤汁用沸水加入0.05%～0.1%柠檬酸或直接用煮沸的清水,汤汁温度不低于85℃。

3. 封口　真空排气,热合封口。汁液很少的水煮笋、保鲜笋用真空包装机封口。有汁液的油焖笋等品种,用物理取代法排除空气再封口,即先将封口边拉紧,由下向上装液体直至封口边下,而后用封口机封口。

4. 杀菌　将封好袋口的软包装竹笋放入竹篮中，放到消毒锅中以95℃～100℃的温度杀菌70分钟，以杀死大肠杆菌、真菌和酵母等杂菌。

5. 包装　将软包装竹笋成品装入硬塑料箱内，内衬瓦楞纸片，每箱装50袋或100袋。

四、家庭食用竹笋制作

(一)酱笋　取竹笋60千克，豆曲6千克，食盐8千克，砂糖1.5千克，米酒1/3瓶。加工时将鲜竹笋去壳洗净，切成5～6厘米长的竹笋块或3～4厘米长的竹笋圈，太硬笋节不能采用。先将豆曲、食盐和砂糖混合拌均匀待用。选用经清洗干燥的小口大肚陶缸，先将混合的豆曲、食盐在缸底撒布一层，然后放一层竹笋，撒一层豆曲、食盐混合物，浇下适量米酒。坛口用塑料薄膜封紧，然后用黏土完成密封，放在阳光下晒干。放在通风较好的屋檐下贮藏半年至1年，制好的酱笋以笋纤维变软、呈豆酱状、淡黄褐色、咸味适当并有芳香的为上品。

(二)发酵笋　麻竹等大型竹种的竹笋可通过发酵的方法加工成笋丝、笋片。制笋丝的麻竹笋以高度50～60厘米为宜，鲜笋须及时加工。加工工艺流程为：去壳—切丝(片)—蒸煮—发酵—干燥—分级—包装—贮藏。

去壳竹笋用切片机或手工切刀，切成长6厘米、宽1厘米的长条，除去笋节隔。竹笋上半段带有笋肉的部分切成2片，不细切，制成笋片，俗称“玉兰片”。一般竹笋片长30厘米以上、宽12～15厘米，每片重0.1千克为合格。蒸煮，将笋丝(片)放入蒸笼内蒸煮。锅内盛水八成，笋片装满锅内，蒸煮时间约1小时。发酵，把蒸煮后的笋放入发酵笼中，层层堆笋片。将笋丝放在顶层，装满后将笼盖密，上层再敷草席，其上用卵石或细沙压实。发酵时间最少10天，通常放置半年。然后干燥，晴天时取出发酵后的笋片和笋丝，平铺在竹帘上暴晒，使水分蒸发，一般情况下晒4～5天，色泽转变为黄褐色而略带半透明时，就可贮藏。在干燥过程中，若遇阴雨天，将笋片和笋丝移到室内通风处风干，或用炭火烘烤。发霉的笋片和笋丝色泽黑暗，无透明感，发霉笋不能食用。

（三）糖醋笋 将鲜笋剥壳，切成竹笋块或笋片，投入沸水锅煮软捞出，转入清水中漂洗6小时，再入锅，用文火焖4小时后捞出，放入糖醋液中浸1昼夜，捞出，即可装罐，再经排气、密封、杀菌即成。剩下的糖醋液可再次利用。糖醋液配法如下：每100千克笋肉加糖20千克，醋40～50千克。

第三节 食用竹笋安全标准

竹笋被国内外人们认为是一种污染少、高蛋白质、低脂肪、食用纤维多、矿质营养元素丰富的理想蔬菜之一，颇受北美、西欧等发达国家人们的青睐。但发达国家大部分不是竹笋主产国，食用的竹笋大量需要依靠进口。福建省用麻竹笋生产出口笋干，盐渍笋尖、笋丝、笋片、调味笋等13种系列产品，70%出口日本、新加坡和销往我国台湾等地，每吨价高达6 000多美元。

有机食品是一种纯天然、无污染、高品质的食品，必须符合下列要求：①原产地无任何污染。日本规定栽培有机农产品的土壤必须在3年内完全不施用农药及化肥。②生产过程中不使用任何合成的农药、肥料、饲料、兽药、除草剂、植物生长调节剂、激素（包括生长素）等。③加工过程中不使用任何化学合成的食品防腐剂、添加剂、人工色素和有机溶剂提取等。④贮存、运输过程中未受到有害化学物质的污染。⑤日本规定有机食品中不得含有任何转基因食品组分。

食用竹笋安全标准包括外观要求、卫生指标和包装与贮存等。

一、外观要求

产品应具有该竹笋可食用的应有的特性。要求大小适中，笋体饱满完整，新鲜清洁，色泽良好，无腐烂，无霉变，无异味，无影响食用的病虫危害和机械损伤。

二、卫生指标

有害物质限量要求按表 6-4。

无公害竹笋卫生指标如表 6-5 所示。若检出表 6-5 中卫生指标任何一项不符合本标准，可重新取同批产品进行复验，若仍不合格，则判该批次产品为不合格。

三、包装与贮存

竹笋采用散装和容器装。包装容器(筐、袋、箱等)要求清洁、干燥、牢固、透气、无污染、无异味、无霉变等现象。如用塑料箱包装，应符合 GB 8868 要求，防止二次污染，每批竹笋包装规格、单位、质量必须一致。

凡经过上述抽样检验符合标准的每件包装应吊挂(贴)无公害农产品标志，并标明品种、净重、生产单位、产地、采用标准号、采摘日期及包装日期。标志、检验标签按 GB 191—1990 和 GB 7718—1994 规定执行。

装运时做到轻装、轻卸，防止机械损伤。运输工具清洁、卫生、无污染；运输时，严防日晒、雨淋，注意防冻和通风散热；贮存时必须放在阴凉、通风、清洁、卫生的地方，并远离热源。防止日晒、雨淋、冻害及有害物质和病虫害等污染。

表 6-4　有害物质限量

序　号	项　目	指标:毫克/千克
1	汞(以 Hg 计)	≤0.01
2	铅(以 Pb 计)	≤0.2
3	砷(以 As 计)	≤0.5
4	氟(以 F 计)	≤0.5
5	镉(以 Cd 计)	≤0.05
6	六六六	≤0.2
7	DDT	≤0.1
8	敌敌畏	≤0.2
9	乐果	≤1.0
10	乙酰甲胺磷	≤0.2
11	多菌灵	≤0.5
12	甲胺磷、呋喃丹、对硫磷、氧化乐果、久效磷、甲基对硫磷、马拉硫磷、甲拌磷	均不得检出
13	硝酸盐(以 $NaNO_3$ 计)	≤1000
14	亚硝酸盐(以 $NaNO_2$ 计)	≤4

表 6-5　无公害竹笋卫生指标

序　号	项　目	指标:毫克/千克 (最大残留限量)
1	汞(以 Hg 计)	≤0.01
2	铅(以 Pb 计)	≤0.2
3	砷(以 As 计)	≤0.5
4	氟(以 F 计)	≤0.5
5	镉(以 Cd 计)	≤0.05
6	敌敌畏	≤0.2
7	乐果	≤1.0
8	溴氰菊酯	≤0.5
9	氰戊菊酯	≤0.05
10	多菌灵	≤0.5
11	甲胺磷	不得检出
12	呋喃丹	不得检出
13	氧化乐果	不得检出
14	甲基对硫磷	不得检出
15	甲拌磷	不得检出
16	硝酸盐(以 $NaNO_3$ 计)	≤1 000
17	亚硝酸盐(以 $NaNO_2$ 计)	≤4

参考文献

1. 中国林学会．竹林知识．中国林业出版社,1989

2. 王丹．绿竹开花原因分析与对策．福建林业科技,2003,30(1):73～75

3. 王立勋．福建省竹产业现状与发展对策．竹子研究汇刊,2002,21(4):28～32

4. 王志贤．福建竹业发展前景与对策探讨．新华福建,2003

5. 王树东．中国竹业的发展与全面创新．林业科技管理,2004,(2):7～8

6. 王树森．辽宁省森林生态效益的测评初探．林业经济,1999

7. 刘际建．绿竹林覆盖技术的应用．林业科技开发,2002,16(增刊):83～84

8. 朱勇等．绿竹笋保鲜的初步研究．福建林业科技,1999,26(增刊):28～31

9. 何钧潮．笋用竹丰产培育技术．金盾出版社,2002

10. 吴晓丽等．竹林生物肥研制、施用方法及肥效研究．林业科学研究,2004,17(4):465～471

11. 张佐玉．麻竹的国内外研究概况及在贵州的适生性区划．贵州林业科技,1998,26(3):50～55

12. 张志达．中国竹林培育．中国林业出版社,1998

13. 李继雄．麻竹引种营造技术研究．贵州林业科技,2004,32(3):23～25

14. 李智勇等．中国竹产业发展现状及其对策．中国农村经济,2004(4):25

15. 杨校生等．17种丛生竹笋的感官与营养品质评价．林业科技开发,2001,15(5):16～18

16. 杨锐铣．试论云南山区竹类资源的合理利用．竹子研究汇刊,1997,16(2):69～73

17. 汪阳东．气象因子对毛竹秆形生长变异的影响．竹子研究汇刊,2002,21(1):46～52

18. 邱尔发．麻竹山地笋用林笋期叶片光合及呼吸性状研究．林业科学,2001,37(1):149～151

19. 邱尔发等．竹林施肥研究现状及探讨．江西农业大学学报,2001,23(4):551～555

20. 陈荣遗．竹的种类及栽培利用．中国林业出版社,1984

21. 周本智．闽南麻竹人工林地上部分现存生物量的研究．林业科学研究,1999,12(1):47～52

22. 周本智．麻竹出笋和高生长规律的研究．林业科学研究,1999,12(5):461～466

23. 周铁烽．中国热带主要经济树木栽培技术．中国林业出版社,2001

24. 林丽娜．漳州市竹业产业化发展战略与对策．竹子研究汇刊,2002,21(3):9～12

25. 林位夫．值得在海南发展的经济作物——甜竹．热带作物研究,1987(4):52～53

26. 林岳歆等．麻竹笋高产栽培技术．广东农业科学,2002(3):28～29

27. 林明添．坡耕地麻竹高产栽培措施与效益研究．水土

保持研究,2001,8(2):130～132

28. 林毓银等. 福建竹类害虫发生特点、成因及综合防治探讨. 福建林学院学报,2001,21(1):91～96

29. 武国华等. 麻竹的栽培技术. 云南林业,2004,25(3):16

30. 郑郁善等. 绿竹开花生理生化特性研究. 林业科学,2003,39(3):143～147

31. 郑郁善等. 绿竹笋营养成分及笋期叶养分的施肥效应. 林业科学,2004,40(6):79～84

32. 金川等. 丛生竹笋真空保鲜技术研究. 竹子研究汇刊,1999,18(3):33～35

33. 金爱武. 竹笋高效益生产关键技术. 中国农业出版社,2003

34. 徐俐等. 不同保鲜剂对竹笋纤维化及保鲜效果的影响. 贵州大学学报,2002,21(2):110～114

35. 高瑞龙等. 绿竹笋及幼竹的生长动态. 亚热带植物通讯,2000,29(2):27～30

36. 崔桂友等. 中国食用竹笋的种类和形态鉴别. 中国烹饪研究,1997,4:19～25

37. 黄锋等. 绿竹扦插育苗技术. 林业科技开发,2003,17(4):42～43

38. 黄克福. 竹林培育新技术. 福建科学技术出版社,1999

39. 黄慧德. 甜竹笋生态效益研究. 中国科协年学术年会农林水论文精选,2003

40. 彭九生. 优良竹笋有机食品产业化发展思路. 竹子研究汇刊,2002.21(4):42～46

41. 彭小燕. 丛生竹带蔸埋秆育苗技术研究. 浙江林业科技,2001,21(5):44～46

42. 董文渊．丛生竹高效育苗技术的研究．江苏林业科技，2001，28(5)：30～32

43. 董建文．绿竹林丰产结构研究．福建林学院学报，2000，20(2)：97～100

44. 董建文．新造麻竹林新竹生长规律研究．江西农业大学学报，2000，22(1)：34～36

45. 谢锦忠．丛生竹林生态系统的水文效应研究．竹子研究汇刊，2000，19(4)：18～25

46. 辉朝茂等．中国竹子培育和利用手册．中国林业出版社，2002

47. 缪妙青等．绿竹不同肥料施肥试验．福建林业科技，2000，27 (1)：50～52

48. 潘标志．麻竹生物学特性研究．浙江林业科技，2004，24(1)：21～23

49. Chen Xuhe. Promotion of Bamboo for Poverty Alleviation and Economic Development. Journal of Bamboo and Rattan. 2003，2(4)：345～350

50. Elizabeth A. The Pecullar Preparation of Bamboo Shoots for Culinary Purposes in Indonesia. J. Amer Bamboo Soc. 1991，1&2(8)：146～150

51. Friar E，Kocher T G. Bamboo germplasm screening with nuclear restriction fragment length polymorphism [J]. Thero Appl Gene. 1991(82)：697～703

52. Gieli S J. Bamboo and biotechnology[J]. EBS Journal. 1995(6)：27～39

53. Latif. Effects of age and height on selected properties of three Malaysia bamboo species. FPA 1994，17(4)：1872